啤酒酿造
技术译丛

水
啤酒酿造用水指南

[美] 约翰·帕尔默　科林·卡明斯基 ◎著

杨江科　杨禹 ◎主译

中国轻工业出版社

图书在版编目（CIP）数据

水：啤酒酿造用水指南 /（美）约翰·帕尔默，（美）科林·卡明斯基著；杨江科，杨禹主译. —北京：中国轻工业出版社，2023.7

（啤酒酿造技术译丛）

ISBN 978-7-5184-2237-1

Ⅰ.①啤… Ⅱ.①约… ②科… ③杨… ④杨… Ⅲ.①啤酒酿造—酿造用水 Ⅳ.①TS262.5

中国版本图书馆CIP数据核字（2018）第261794号

策划编辑：江 娟　　责任终审：劳国强　　整体设计：锋尚设计

责任编辑：江 娟　　责任校对：吴大鹏　　责任监印：张 可

出版发行：中国轻工业出版社（北京东长安街6号，邮编：100740）

印　　刷：三河市万龙印装有限公司

经　　销：各地新华书店

版　　次：2023年7月第1版第3次印刷

开　　本：720×1000　1/16　印张：14.5

字　　数：270千字

书　　号：ISBN 978-7-5184-2237-1　　定价：80.00元

邮购电话：010-65241695

发行电话：010-85119835　传真：85113293

网　　址：http://www.chlip.com.cn

Email：club@chlip.com.cn

如发现图书残缺请与我社邮购联系调换

231065K1C103ZYQ

安益达—啤酒酿造技术译丛
翻译委员会

《水——啤酒酿造用水指南》翻译委员会

主　译：杨江科（武汉轻工大学）

　　　　杨　禹（北京师范大学）

参　译：刘蒲临（武汉轻工大学）

总序

中国是世界上生产啤酒最多的国家，像很多行业一样，我国啤酒行业正在朝着既大又强转变，世界领先的管理技术指标不断在行业呈现，为我国啤酒产业进一步高质量发展奠定了良好基础。

啤酒是大众喜爱的低酒精度饮料，除了大型啤酒企业外，高规格的中小型啤酒企业和众多的“啤酒发烧友”也正在助力着行业的发展。这一切为能够更好地满足人们日益增长的物质及文化需求做出了贡献，也符合未来啤酒消费需求的发展方向。

啤酒酿造是技术与艺术的结合。在相关酿造理论的指导下，通过实践，不断总结，才能在啤酒酿造上越做越好。这套由美国BA（Brewers Association）出版社组织编写的啤酒酿造技术丛书，由《水》《酒花》《麦芽》和《酵母》四册组成，从历史文化、酿造原理、工艺技术、产业动态等多维度进行了深入介绍。《酒花》的作者是著名行业作家；《酵母》的作者是美国知名酵母公司White Labs的创始人兼CEO，联合作者曾多次获得美国家酿大奖；《麦芽》的作者则在美国一家著名的“craft beer”啤酒厂负责生产；《水》的作者是美国家酿老手。这套丛书的作者们从啤酒酿造的主要原料入手，知识深入到了整个酿造过程。丛书中没有过多介绍关于啤酒酿造方面的理论知识，而是为了满足酿酒师的实际需要，尽可能提供详尽的操作指南，对技术深度的把握应该说是恰到好处。

他山之石，可以攻玉。为了更好地满足啤酒行业对酿造知识日益增长的需求，由马长伟教授和酿酒师张炜先生负责（二位分别担任翻译委员会正、副主任）组织了由高等院校、科研机构和行业企业的专业人员构成的翻译团队，除了食品和发酵工程外，还有大麦育种和水处理等专业的专家学者加入，保证了丛书的翻译质量。他们精心组织，认真工作，不辞辛苦，反复斟酌，把这样一套可读性强、适用范围广的专业科技丛书贡献给了行业，在此，我衷心感谢他们的付出和贡献，向他们致敬。

我相信，这套译丛的出版一定会对国内啤酒行业的技术发展产生推动作用。

張五九

2019年3月

译者序

2016年年末，中国农业大学马长伟老师到我校讲学。期间马老师参观了我校的啤酒酿造实习实训基地。在相互交流的过程中，马老师提议我们合作翻译一本与啤酒酿造有关的英文著作，我欣然允诺。随后，翻译的筹备工作便紧锣密鼓地展开了。在这个过程中，随着更多同仁的加入，翻译计划也从最初的翻译一本书变成了更为宏大的计划——翻译“啤酒酿造技术译丛”（共4册）。根据分工，我们便承担了《水》的翻译工作。

好水酿好酒！这句耳熟能详的话原是形容我们的国粹——白酒的。其实，我和大家一样，最初接触啤酒是在读大学后。在学习和科研之余、三五好友聚会之时，啤酒一直是我们的首选饮品。啤酒的清爽、干冽使其成为佐餐的佳品。街头巷尾谈天说地之时，兴之所至，常常一饮而尽，酣畅淋漓！

但是，我真正去品、去感受啤酒的味道还是始于多年前。那时，我在法国南部留学。这是一个酒的国度，不仅葡萄酒品种繁多、风格多样，这里充足的阳光、蔚蓝的海水，闲适的加泰罗尼亚文化使啤酒也广受欢迎。欧洲大小品牌、品类各异、知名不知名的啤酒应有尽有。也因为这些品类繁多、风格各异的酒，我至今对法国鲁西永地区留有很美好的印象。欧洲人喝啤酒的习惯与国人不同。他们喝啤酒时更多是单饮，很少有佐餐。在单饮的过程中，每款啤酒的味道好坏、风格特征便被完全地展示出来了。入乡随俗，我便逐渐去了解这些啤酒的味道与风格。也理解了“好水酿好酒”同样适用于啤酒！

怎样才能获得好水呢？我们的这本译著便给出了完整的答案。本书首先介绍了啤酒酿造用水的演化历史，水的来源和成分；接着详细介绍了酿酒用水中的重要指标——剩余碱度，剩余碱度与麦芽酸度和糖化醪的关系；最后，介绍了各种不同类型啤酒用水的特点以及啤酒厂各类用水的特征。本书的知识来源于啤酒酿造实践，在知识的讲解过程中也以指导实践为目标。它不仅介绍了水的成分，而且告诉我们怎样解读一份水质报告，以及源水的处理技术；它不仅介绍了剩余碱度的知识，而且告诉我们碱度的控制方法以及怎样根据不同啤酒风格调整酿造用水；它不仅介绍了啤酒厂工业用水的类型，更告诉我们啤酒厂的废水处理方法。全书内容详实，真正是一本关于啤酒酿造用水的经典！

将这本语言风格活泼的英文著作用中文完整地呈现出来，在学术上和语言风格上均准确表述原作者的意图，并非易事。为了将这本优秀的、也可能是唯一的关于啤酒酿造用水的专著早日呈现给大家，我们召集了武汉轻工大学和北京师范大学的两个团队共同翻译此书。本人翻译了本书的序言、致谢、第4章、第5章、第6章、第9章、附录一和附录二；我所在的武汉轻工大学的刘蒲临老师翻译了第1章、第7章、附录三和附录四；北京师范大学杨禹老师翻译了本书的第2章、第3章、第8章和第10章；全书由本人统稿，由马长伟老师校稿。在翻译过程中，武汉轻工大学韩正刚老师，研究生陈光军、彭小波、成静、上官芳和张奕昀等在资料的收集、整理等过程中做了大量的工作，在此一并致谢！

翻译的过程是艰辛的。尽管本书的主译人员均非鸿学巨儒，但均是具有严谨态度的学者。在翻译本书的过程中，译者真正做到了字斟句酌。本书初稿完成后，又经历了数次修改，数次统稿和校稿，并在济南召开了专题研讨会就翻译过程中所碰到的问题进行了交流。但宥于我们的学识，书中的错误在所难免，在此恳请大家批评指正！

令人欣慰的是，本书即将付梓。我们希望本书对酿酒专业领域的教师和学生，对正在从事或有志于从事啤酒酿造的从业人员和技术人员，对广大啤酒爱好者均能有所裨益。

杨江科

于武汉常青花园

2019年3月

目录

致谢

没有对时间的管理，就不能写书。首先，要感谢我们的家人。在我们热切地投入本书的写作过程中时，我们错过了许多和他们在一起的美好时光。几年前，当我们开始这次“航行”时，我们希望并致力于收集全世界啤酒酿造用水的知识于一隅，并在此过程中开拓酿造业的最后一片领地。然而，我们发现酿造用水比想象的更为深邃，也更为宽广。无论我们走到哪里，都会被水浮在表面。我们担心会失去深度、流于肤浅。但是，在众多朋友的帮助下，我们相信已经为酿酒师们汇编了一本有用的书。

我们俩都在20世纪90年代初开始从事酿酒工作。我们都受到了一个人的鼓励，并通过他的著作去了解更多关于酿造用水的知识。这个人就是A. J. 德朗格。据我们所知，他是将水化学带出2+2=4的窠臼，并向我们介绍碳酸盐系统、溶解度常数和毫当量等知识的第一人。他第一个告诫我们照搬著名的酿造用水的配方是一种舍本逐末、不切实际的作法。他的工作使我们能够在酿酒生涯中始终追寻水的科学本质，并引领我们逐渐成长。在写作本书的过程中，当我们被困在某个话题上或者意识到有一大片未知领域没被提及时，德朗格总是我们可以求助的人。事实上，就在本书截稿前一个星期，我们还不知道如何计算磷酸添加量对酿造水中溶解钙的影响。德朗格编制了一个电子表格，并为我们绘制了磷酸添加量与酿造水中溶解钙之间的关系曲线。该表格被收录在附录B中。我们相信，德朗格是自保罗·库尔巴哈于1953年引入剩余碱度概念以来帮助酿酒师理解酿造用水贡献最多的人。

我们需要对马丁·布伦加德为本书所提供的专业知识和智

慧致以诚挚的谢意。马丁是一位水资源工程学会会员，自1999年以来一直指导酿酒师使用酿造用水。马丁在本书内容的技术审查中发挥了重要作用。他总是让本书的知识与酿酒厂实际相结合并做到可用。

约翰要感谢布瑞斯麦芽及配料有限公司（Briess Malting and Ingredients）的鲍勃·汉森和丹·比斯在测试蒸馏水的pH和麦汁酸度中付出的辛勤劳动。由于我们对部分数据感到困惑，重新设计并开展了新的实验，因此这项工作花费了近4年的时间。同样，感谢凯·特勒斯特，一位精酿科学家，慷慨地分享他的工作以及在测定麦芽酸度和预测醪液pH的方法。如果没有他们的帮助，第5章的大部分内容都不可能完成。

科林要感谢吉尔·桑切斯、伊恩·沃德、布赖恩·亨特、迈克尔·刘易斯博士和查尔斯·班福思博士。在他与酿造用水进行艰难对话时，他们总是能提供酿造化学方面的良好建议。他还要感谢酿酒大师协会北加利福尼亚州分会提供详尽的咨询和技术讲座。它们成就了他的酿酒生涯。

我们感谢巨石（Stone）酿酒公司，新比利时（New Belgium）酿酒公司，康胜（Coors）酿酒公司，Golden酒厂，布鲁瑞（Bruery）酒厂，Eagle Rock酒厂，Golden Road酒厂，Firestone Walker 酿酒公司，Moon light酒厂，贝尔斯（Bell's）酒厂，Founders酒厂，Anheuser-Busch - Fairfield酒厂以及内华达山脉（Sierra Nevada）酿酒公司等。当我们在整理关于酿造用水的选择及实践方面的知识过程中，他们不厌其烦接待并回答了我们大量的电话问询及个人访问。同时，我们还要感谢在过去给予我们帮助的众多酿酒师们。他们或解答我们的疑问或邀请我们在会议上做报告。

最后，我们要向在酿酒厂负责水处理工作的人士推荐《纳尔科水手册》（*NALCO Water Handbook*）。这部1000余页的书籍是关于水处理方面的百科全书。它可能并不特别地指明了啤酒厂用水，但它涵盖了一切。

序言

我从事酿酒快40年了，其间买过许多书。它们中有布里格斯的《麦芽和制麦》（*Malt and Malting*），尼夫的《酒花》（*Hops*），怀特和赞那谢菲的《酵母：啤酒酿造菌种指南》（*Yeast, the Practical Guide to Beer Fermentation*）以及杰克逊的《用水及废水化学》（*Applied Water and Spentwater Chemistry*）。这些书中均包含了啤酒酿造主要原料的有价值的信息。前三本书是专为酿酒师所写的，但第四本却不是。“酿酒”这个词甚至都没在该书的索引中出现。其他几本以“水”命名的书和关于酵母的书（尽管酿酒在书中都有提及）的情况也大致如此。我也有许多关于水的书，但没有一本是关于酿造用水的。你也一样。现在你终于捧上了一本关于酿造用水的书。一旦我的副本打印出来，我也会将它捧在手上，并在关于酵母、酒花和麦芽的书籍之后给它预留了位置。

为什么要花如此长的时间才能出版一本关于啤酒酿造用水的书？道理很简单：很难！凭我的经验。我多次尝试写一本关于这个主题的书，但却发现它错综复杂。有时我觉得自己在与九头蛇搏斗，每次割下一颗头，另两颗却又长出来了。我敢肯定，如果你在会议上或其他地方碰到约翰或者科林，问他们中的任何一位，是否任务比他们原来认为的更令人畏惧。他们会回答：“是的！”

还有读者的问题。我不知道40年前有多少人会对本书感兴趣，但现在需求强劲。我经常被问及“什么时候出版有关啤酒酿造用水的书？”我相信这是由于技术的进步，饮酒者的品味和精酿师的技艺均有显著的提高。这些技术主要包括计算机、反渗透系统、pH计和互联网等。除互联网外，前3项技术在40年前就已经确立了。它们虽然不是什么新技术，但性能却有巨大提升，而价格却又大幅下降。此处，我们暂且搁置反渗度系统和pH计的话题，先评论互联网及上网所用计算机的影响。

40年前，关于酿造用水的前沿知识仅能在几本与酿酒有关的教材的少数章节中找到，且均语焉不详。但这足以激发酿酒师们的兴趣，他们开始思考这个问题，进行分析和试验，并通过互联网进行交流（在与这些作者见面的几年前我就在网络上熟悉他们了）。由于这些讨论是在公共媒体上进行的，这引起了其他人的关注。他们逐渐感兴趣，并也开始了试验和计算。如果没有互联网，我认为活动的水平不会像现在这样高。随着交流网络的建立和更多人的关注，关于酿造用水的文章开始出现在《酿造技术》（*Brewing techniques*）、《新酿酒师》（*The New Brewer*）和《酿酒》（*Cerevesia*）等杂志以及各种网站上。这些都归功于计算机工程领域的工作。尽管关于水的话题所涉及的化学和数学知识异常复杂，但他们可以隐藏在一个精心设计的电子表格或计算机程序后面。对普通用户而言，如果用户界面做得好，使用起来应该相当简单。我见过十几个相关的程序，其中有三个今天仍在频繁使用。有相当数量与水有关的讨论出现在一些参与者众多的网络论坛中。在美国贝尔维尤市举行的2012年家酿师大会的大厅中同样站满了讨论酿造用水的人们。换言之，意识到水可能对啤酒产生作用以及对它的这种潜力的兴趣似乎比过去更为广泛。但即便如此，并不是每个人都在参与。这本书会引领更多的人进入这一话题。如果你还没有为之所动，请和我们待在一起，听我们探讨啤酒和水之间的关系，看看这本书怎样对你造成冲击。

随着酿酒师在职业上的进步，他们对麦芽、酒花和酵母的理解日益深入，但与水有关的知识却相形见绌。造成此种状况的原因可能来自新酿酒师们所面临的现实情况。他们有来自世界各地、品类繁多的麦芽、酒花和酵母可供选择。例如，为酿制一款经典的波西米亚风格的比尔森啤酒通常会采用捷克共和国出产的酒花和麦芽。酵母可以是从本地获取的。但该酵母最初应源自捷克共和国的菌株。相反，人们显然不会从比尔森或者捷克布杰约维采市进口酿酒用水。现实迫使大多数酿酒师必须采用啤酒厂能够比较方便获得的水源（虽然部分家酿师从附近的健康食品商店或超市购买酿造用水，我也见到一个经营者用卡车运水）。考虑到酿酒师不得不在几十种酒花、麦芽和酵母品种中做出选择，而实际上在水供应方面几乎没有选择，因此在开始酿造啤酒时新酿酒师们自然会将注意力集中在前三种啤酒原料上而不会过多地考虑水。发达国家的市政供水尽管不是酿造啤酒的理想原料，但人们可以用它来生产许多还过得去的啤酒。许多酿酒师在他们的整个酿造生涯中所做的正是如此。

由于饮用水似乎并不会像酒花、麦芽和发酵产物那样直接有助于产生味道或香味，所以初学者可能会认为水不过是其他啤酒成分味道的载体而已。当然，水中的氯和氯胺是例外。即使是毫无经验的酿酒师，也普遍意识到水中的这些化学物质必须处理。但仍有很多的初学者，在酿造可供饮用的啤酒时毫不顾及它们。本书可以使这些酿酒师受益良多。

其他酿酒师，包括一些非常优秀的酿酒师，对待他们的酿造用水的态度就像葡萄酒酿酒师对待风土条件一样。他们下意识地接受了这些水的特性，并只酿造与之相匹配的啤酒。显然，如果你只酿造一种啤酒而不是多款风味各异的啤酒，这样做确实要容易得多。正如在一份典型的关于水的报告里所呈现出的那样，本书将分章节讲述水资源以及水的各个组分。这些将对酿酒师大有裨益。同时，书中还讲述了水对糖化醪pH的影响，并讨论了酒厂中非酿造环节（如清洗、冷却、稀释、蒸汽发生等）的用水情况。

在离开风土条件话题前，我们注意到，无论对错，风土条件经常被作为酿酒的主因。例如，爱尔兰世涛啤酒和波西米亚的比尔森啤酒间的风格迥异。尽管当地的酒花、麦芽和酵母明显与此相关，但常识告诉我们水也和它有很大关系。因此，我们应该指出，坚持风土理念并不意味着应该对酿造用水漠不关心。慕尼黑黑啤酒与慕尼黑淡拉格啤酒均用慕尼黑的水酿造，均被赋予了这种水的特性。不同之处在于，前者采用未处理的水，而后者则进行了除去碳酸盐的处理。

酿酒师随着经验和知识的积累以及与其他酿酒师交流的增加，希望成为一名能够酿造出优秀的啤酒而不是坐享其成的酿酒师的愿望日渐强烈，他的注意力最终必将转向水。优秀的啤酒不能在不太在意水的情况下产生。在这里，我们发现了在通往更好地了解酿造用水的道路上的第一个主要障碍，也正如我们在本文开篇中提及的那样，关于酿造用水的信息难于获取。这些信息大都零散地分布于各处。如果酿酒师想真正理解酿造用水，他需要从众多资源中收集相关信息。从无机化学、物理化学、定性分析甚至生物化学类教科书中收集一系列的文章；从与水化学、水分析和水处理有关的专业文章中；从酿酒类教材中与水相关、语焉不详的章节中；从科技期刊的论文、学术会议会刊和一些网站中获取。除了少数专门的论文和网站外，这些资源中没有一个完全是关于酿造用水的，其中一些还晦涩难懂。搜寻与酿酒用水相关的知识犹如大海捞针，而本书的作者竟利索地找到了这些针。除了从文献中拾菁集粹，作者还吸收了经验丰富的酿酒师的知识，吸收了解决复杂的计算和实验的软件开发师的知识。有了如此广泛的信息来源，本书要么能回答你酿酒中的问题，要么能让你找到答案。我见过互联网上有很多这样的疑问："我做的啤酒虽好，但似乎缺少点什么。我想应该是酿造用水。那我可以去哪里学习如何通过调整水来改善酿造呢?"很明显，本书即是答案。

仅仅收集所有相关信息并把它们一股脑地堆在酿酒师面前是不够的，他们会完全被吓倒而不会从中受益。与麦芽、酒花和酵母的比较有助于我们理解酿造用水的特质。如果酿酒师发现麦汁中含有太多的蛋白质，或酵母菌株产太多的双乙酰，或酒花品种香叶醇含量太低，他通常会挑选不同的原料或者增减含有所需要特质的原料的用量。而水却完全不同。酿酒师不能轻易获得不同来源的水。但是，水是可以改变的。事实上，如果想酿造优秀的啤酒，酿酒师就必须跳出风土学校的窠臼。如果某种离子过多，那么该部分就必须除去；如果某些离子缺乏，则必须相应地增加。做到这一点需要应用化学的知识。有点反常的是，酿酒师往往被相对简单的水化学所吓倒，而不是被麦芽、酒花和酵母更复杂的化学和生物化学知识吓倒。在我看来，这种不适感源于这样一个事实，即活性物质的化学成分极其复杂，只需有限的定性的理解就足够了。通常的酿酒师并没有实际应用化学知识来改善麦芽、酒花或酵母的性能。相反，为调整酿造用水，酿酒师必须应用他所知道的化学知识进行定量工作。这意味着他必须计算。比较容易解释和理解在酿造白酒中碳酸氢盐离子可从酸性糖化醪成分中吸收氢离子（定性），而解释和理解如何计算碳酸氢钠的用量（定量）以消除酸的影响则比较难。

有关水中碳酸–碳酸氢盐–碳酸盐体系的计算是酿造水化学的核心。它们需要用到诸如戴维斯扩展理论和德拜–休克尔离子互吸理论。如果你不熟悉这一点，你可能会像大多数读者一样感到害怕。别担心！使用本书你不需要了解德拜–休克尔离子互吸理论，更别说戴维斯扩展理论了。本书已经为你解决了科学中令人生畏的数学部分，并将之简化成了易于使用的图表。在我看来，这正是本书真正闪光的地方之一。它使得这一主题中最难但非常重要的部分更易于被那些没有科学或工程知识背景的人接受。而少数想知道戴维斯–德拜–休克尔方程和其他奥秘的人可在互联网搜索到它们。

通过改进现有的水来提高啤酒质量的酿酒师可朝着两个目标努力：一是技术的，一是感官的。技术上的目标是确立合适的糖化醪液pH。可以说，本书的真正目的是达到这一目标，其余的都是支撑材料。这可能有点夸张。但是合适的醪液pH确实极其重要。感官的目标则是一个关于风味的问题。合适的醪液pH对于最佳的风味是必要的，但来源于水的矿物质对啤酒的风味也有着直接影响。众所周知，氯离子通常赋予酒体甜度和圆润度，硫酸根离子则与酒花的苦味具有协同效应。适当的醪液pH和良好的风味都要求相关物质在酒中以适当的浓度存在。

反渗透水是几乎绝对纯净的水。当使用它作为水源时，我们只需要向其中添加所需要的盐分就可以方便地得到所需要的离子浓度；在遇到两种离子时，仅需要分开添加两种盐并保持固定的相对比例；除了确保反渗透系统正常运行外，无需对反渗透水进行任何分析或试验。通俗地说，反渗透水是一张空白的纸。

反渗透水的通行对酿造习惯和商业酿造来说是革命性的。不论可用的水有多难处理，现在都可以转化成空白的纸。反渗透技术不仅能使以前不可能的地方酿造出好的啤酒，而且使酿酒师与水的关系更为简单。诸如“只需在每加仑（1美式加仑≈3.79L）的反渗透水中添加1g氯化钙即可”此类的建议确实非常简单易行，且多数情况下均可酿出好的啤酒。当然，为了获得优质的啤酒你要做的不仅仅是添加一些氯化钙，这本书将会告诉你怎么做。

我们在技术上的最后一项进步是便宜的pH计。你会发现本书中很多地方都在讨论pH。碳酸盐和磷酸盐离子的平衡取决于pH和制麦、糖化以及发酵过程中由酶催化的复杂化学反应的每一步骤。众所周知，酶的性能取决于温度，但也取决于pH。这就是为什么设置醪液pH是至关重要的（如果你这样做的话，酿造过程中其他部分的pH也会保持在适当的范围内）。预测醪液的pH是异常复杂的，麦芽特性的自然变化使得精确预测变得困难。pH计正为此而来。和温度计一样，pH计给酿酒师提供了醪液情况的直接反馈，它的信息也和温度信息一样重要。如果温度出现偏离，酿酒师会提高或降低热量；同理，如果pH出现偏离，酿酒师就增加或减少酸。当我们说适当的水处理是决定啤酒好坏的一个主要因素时，我们同样认为pH是决定发酵罐中生成物质量的一个主要因素。

总之，你基本上有3种方式来处理酿造用水：可以直接用它来酿酒；可以通过添加缺失的金属离子或除去多余的离子来改变它；或者从反渗透水开始，从头配制酿酒所需要的水。我希望这篇序文能带给你一些新的观念，引导你去阅读这本书，感受书中内容的博大，并了解它对酿造的主要贡献。一旦沉浸在书中，你一定会喜欢阅读它，就像我乐于为约翰和科林写这篇序文一样。

A. J. 德朗格

美国弗吉尼亚州麦克利恩镇

2013年5月

第1章 概述

本书是“啤酒酿造技术丛书”之一（另外三册是《麦芽》《酒花》和《酵母》），适用于除初学者以外，从业余到专业级别的所有酿造者。酿造者需要具备糖化、过滤和产量估算等有关谷物发酵的实践经验和高中水平的化学知识才能充分理解本书所讨论的内容。读者若在化学知识上略有生疏，可参考附录一中所提供的化学术语表。如有必要，也可使用网络资源辅助对化学概念的理解。

在1990年以前，家庭作坊和商业啤酒厂的技术知识水平差异巨大。此后，二者的差距明显缩小。当前，美国拥有的小型独立啤酒厂比以往任何时候都多，而这些地方的酿酒师大多是通过家庭作坊式酿造来掌握发酵技艺的。随着人们对各种啤酒的重新发掘，新的小型啤酒厂在世界各地涌现。人们对啤酒的不同风格和更多的酿造要素也产生了新的兴趣。为了满足新酿造商的创新需求，新的酵母菌株正在被广泛使用，麦芽生产商的特种麦芽不断推向新的市场，啤酒花种植者也不断被要求生产新的品种。但酿造用水呢？人们只知道水是从地下抽上来的。

在20世纪，酿造过程对水的要求经常被忽视。即使考虑在内，也被过度简化。通常，对酿造用水的要求仅为清洁、可饮用、碱度和硬度低、来自干净的山间小溪等。在美国，尤其是对在20世纪50~70年代得到巩固的啤酒厂来说，他们的唯一目标似乎是酿造足够每个人饮用的淡色比尔森拉格啤酒。20世纪后半叶，酿造教科书中对水的要求包括：

（1）水应清洁。

（2）水应预先煮沸以去除暂时硬度。

（3）水的碱度应小于50mg/L。

（4）水中应含有50~100mg/L的钙。

然而这些概括性的要求只是为酿造比尔森拉格啤酒而提出的，并不适用于酿造其他类型的啤酒。啤酒是人类已知最为复杂的饮料，其对水的要求也非常精妙。专业的水化学教科书通常可达500页，但现代酿造教材中与水有关的描述却很少会超过一章。这种现象的出现是因为酿造对水的要求比较低吗？还是因为人们刚刚才对水化学有较好的理解？二者都不是。

很久以前，人们就已经认识到酿造用水的重要性及其对啤酒酿造过程的影响。1830年，实用知识传播协会声称英国特伦特河上游伯顿镇的酿造商在酿造啤酒时掺假，为此酿造商对其提出诽谤诉讼。该诉讼过程披露了当地酿造用水的化学组成。1878年，化学家查尔斯·文森特研究发现酿造用水中的硫酸钙有助于提高伯顿啤酒中的酒花味；1882年，埃格伯特·胡珀在《酿造手册》（*The Manual of Brewing*）中将上述现象称为“伯顿化”。1901年，沃尔和海涅思撰写了《美国酿造、麦芽制作和辅助贸易手册》（*American Handy Book of the Brewing, Malting and Auxiliary Trades*）一书。此书在酿造原料部分提到了改善水质的方法，例如，通风以除去异味并使铁离子沉淀，加热后向软水中添加二水合硫酸钙、硫酸镁或食用盐粉末使其伯顿化后更适于淡色啤酒的发酵；在“使不良成分无害化”部分，他们提出可以借助氯化钙的适量添加来减少过量的碱性碳酸盐，并探讨了软化锅炉用水的方法以及不同啤酒对酿造用水的要求。

1907年，塞克斯在《酿造学原理与实践》（第三版）（*Principles and Practice of Brewing 3rd Ed.*）中提到了许多与沃尔和海涅思书中相同的信息以及更多有关酿造用水的内容。他对不同用途的酿造用水、水处理技术和相关化学反应进行了较为全面的综述，以“更好地改造它们”。由于这本书在瑟伦·索伦森提出pH概念之前就已出版（1909年，索伦森于嘉士伯实验室提出pH概念），因此讨论中并未涉及与pH相关的内容。直到

1924年，随着电化学电池研究的开展，改进后的pH概念才得到了广泛的认可。

沃勒斯坦实验室1935年出版的《现代化学视角下酿造用水的处理》（*The treatment of Brewing Water in Light of Modern Chemistry*）进一步证实，酿造用水的处理技术早已受到关注。“每种酿造用水都必须根据具体需要进行仔细研究和处理。30多年来，我们对水开展了专门研究，为啤酒酿造商制造了特别的沃勒斯坦伯顿盐，以改进和矫正他们的酿造用水。”

这本书还讨论了pH的测量，并指出控制水的pH并不是最终目的。“虽然pH是衡量水是否可用于酿造的重要参数之一，但我们必须牢记，真正影响发酵结果的是糖化醪的pH，而不是水的pH。因此，我们改良酿造用水的目的不是使其达到特定的pH，而是使其为发酵和酿造操作提供最佳条件。”

1953年，保罗·库尔巴哈的研究表明，增加水的碱度会使麦汁的pH高于所用蒸馏水的正常pH。他还发现水中的钙和镁（硬度）与麦芽中的磷酸盐反应可以中和碱度并降低麦汁pH；这种反应完成后的麦汁碱度被称为“剩余碱度”。剩余碱度的概念目前已经成为整个酿造过程中理解和控制pH的基石。

糖化醪的pH决定了发酵罐中的pH，而发酵罐中的pH又是决定啤酒呈现何种风味的主要因素之一。在碱性水源区，酿造者通常需要加入酸或更多酸性麦芽以使糖化醪pH降低到理想水平。相反，在低碱度水源区，酸或酸性麦芽的添加量就应适当的减少。

尽管存在一些例外，但根据数年来对淡色啤酒、干啤和冰啤酒的市场调查结果，总体而言，美国人对啤酒口感的要求越来越淡。最近，一些大型酿造公司将更多的广告时间用来谈论新啤酒的包装而不是其风味。目前低麦汁浓度的淡色拉格啤酒占据了绝大部分市场，酿造此类啤酒所使用的酿造水已成为标准，但很少有人了解选择此类水的原因。希望本书能成为酿造用水领域连接过去和未来的桥梁。

整个酿造过程中，对不同用途的水的要求是存在差别的。最适宜酿造的水不一定能满足其他类型的用水需求。用于清洁、蒸汽发生、冷却或稀释的水可能与糖化或洗糟用水的参数明显不同。希望在本书的帮助下，水不再是发酵的阻碍，而能成为辅助发酵的工具。本书的首要目标是使酿造者理解水是啤酒的重要组分。其次，以通俗的语言解释水如何与麦芽相互作用形成糖化醪，以及如何调控水的化学成分来优化啤酒生产。本书的第三个目的是着眼于其他类型的用水和废水处理，不再关注糖化过程。水应当成为啤酒酿造过程的助力而非阻碍。

1.1 作为酿造原料的水

哈罗德·玛吉在《食物与烹饪》(*On Food and Cooking*)一书中指出烹饪是化学反应。啤酒酿造也是如此。啤酒中含有糖类、蛋白质、醇类以及其他有机化合物。啤酒酿造者应该像重视啤酒花品种和产区、麦芽种类和麦芽供应商一样，重视酿造用水及其来源。不同来源的水具有不同的化学组成，可给多种风格的啤酒带来不同的益处。从理论上来说，使用除去矿物结晶的山泉水是一个好主意，但使用有显著硬度的水却可以优化酿造表现。此外，水中的离子也有助于改善啤酒风味。

酿造好的啤酒不仅仅在于获取适宜的水；同样，获取适宜的水也不仅仅是为了酿造好的啤酒。本书第一部分内容（第1章至第3章）讨论了水质检测报告、饮用水标准、水中的各种矿物质和污染物，以及这些成分如何影响啤酒发酵。借此我们希望你可以了解水的来源和其中的化学成分。清洁是酿造用水的首要要求。但适宜饮用的水并不一定适用于酿造。饮用水中的氯、氯胺、溶解气体或有机化合物都会给啤酒风味带来不利影响。我们强烈建议在每个关键生产步骤之前和之后都要对水进行品尝。这样的要求听起来可能很容易，但坚持下去却非常困难。

例如，位于美国加利福尼亚州奇科市的内华达山脉酿酒厂，每天至少安排4个人分别对6个酿造节点的用水进行味觉和嗅觉测试，以此检查水中是否存在不良物质。他们会检测经脱氯处理和活性炭过滤后的水，也会检测冷液罐、热液罐和脱气水箱中的水是否有霉味、泥土味或硫、酯、金属等气味。其他非发酵用水，如酒瓶清洗用水，则每周进行一次检测。由于不同来源的水需要不同的处理工艺，上述这些测试可能不一定适用于你的啤酒厂，但坚持对水进行全面感官分析是保持啤酒品质的有效措施。

1.2 水与糖化化学

在本书第二部分（第4章至第7章），我们将阐述水与糖化醪中化学成分的相互作用。通常，酿造用水至少应含有50mg/L的钙，以改善糖化、发酵表现和提高啤酒澄清度。传统观念认为，酿造水中的碱度会阻碍啤酒的正常发酵，需要将其去除。然而，由于麦芽酸度和所生产的啤酒风格不同，酿造用水对碱度的要求也各有差异。淡色啤酒一般需要较低的碱度，而使用深色和酸性麦芽的啤酒则需要较高碱度的水。啤酒的味道是酿造者对水进行调整的决定性依据。多年来，人们一直试图弄清水和麦芽的相互作用，以此来建立预测和控制糖化醪pH的模型。我们也对该领域的最新研究进行了探讨以展示其未来研究方向和发展前景。本书的第4章和第5章详细阐述了剩余碱度的概念以及麦芽的化学组分。麦芽的化学组分似乎不属于本书应该探讨的内容，但却是影响糖化醪pH的重要因素。此外，脱离糖化醪pH和啤酒风格来讨论酿造用水也是毫无意义的。第6章详细阐述了降低或升高酿造用水碱度的具体方法。主要内容包括石灰软化法、加热去除碳酸盐法、酿造或洗糟水的酸化方法，以及有关白垩（微细的碳酸钙沉积物，石灰岩的一种）和熟石灰添加对糖化醪pH影响的最新研究进展。

本书也阐述了如何通过调节水中化学物质来改善啤酒品质。钙和碱度对酿造用水而言非常重要，然而其他几种离子也能对啤酒风味和感受产生实质性影响。例如，水中硫酸盐与氯化物的比例会显著影响啤酒中麦芽味和苦味的平衡，并影响酒体的丰满感和干度。少量的钠、镁、铜、锌等离子对健康有益，但过量存在就会产生异味。上述一些离子对啤酒的影响将在第7章详细讨论。

酿造实践中一个常见的问题是，某一特定风格的啤酒需要何种类型的水？或者应该向酿造用水中加入多少特定的盐对其进行优化？因此，本书还将教你如何进行简单的化学计算来确定盐或者酸的添加量。同样在第7章中，我们总结了不同种类啤酒对酿造用水的基本要求，推荐了一些适用于蒸馏水或反渗透水的盐配方，并列举了几个调节水中化学成分的实例，以更好地适应特定风格啤酒的酿造。这些建议可以作为酿造实践的切入点和基础，但它们并不是教条。啤酒的质量才是指导实践的最终标准。

1.3 酿造用水的处理

本书的最后一部分，第8章至第10章，将着重于探讨啤酒厂中除了酿造用水以外的其他工艺用水（图1.1），如：常用的水处理技术，不同工艺用水的要求以及啤酒厂废水处理。水处理是一门古老的科学，煮沸、砂滤和活性炭过滤等处理方法能追溯到古埃及法老时期。水的石灰软化法起源于1841年，并作为标准方法写入《酿造原理与实践》（*Principles and Practice of Brewing*）和《美国酿造手册》（*American Handy Book of Brewing*）中。现代的水处理技术与过去相比已经焕然一新。本书这一部分的目的是让新酿酒商熟悉当前适用于中小型啤酒厂的最新水处理技术，而不再一味重复适用于大型酿造厂的旧技术。

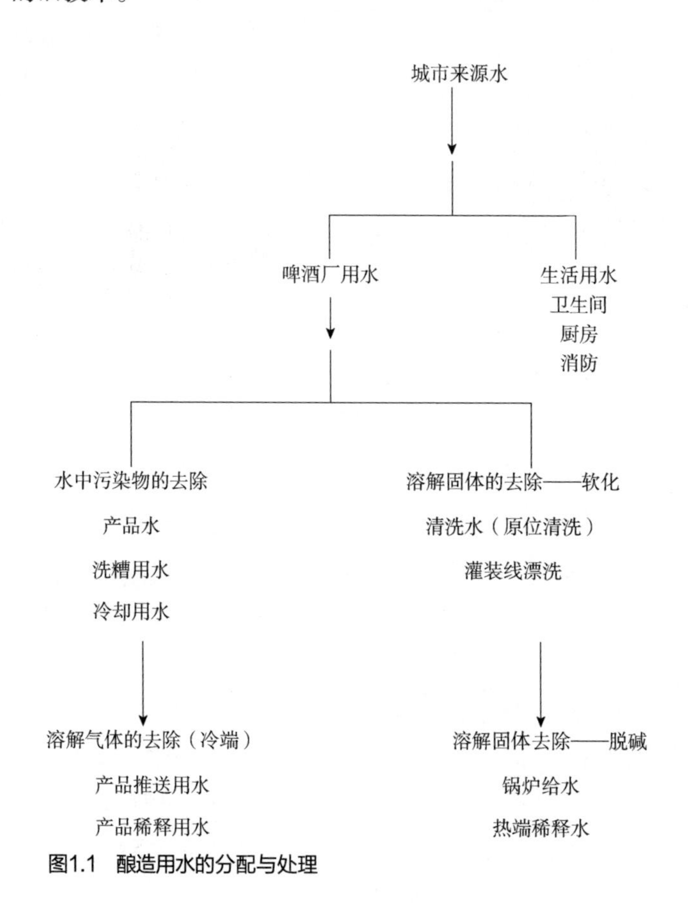

图1.1 酿造用水的分配与处理

啤酒酿造是水耗很高的行业，每生产1体积的啤酒需要消耗5~10倍体积的水。大部分的水被用于清洗，还有一部分被蒸发损耗。除非被回收利用，否则绝大多数的水最终将被排入下水道中（图1.2）。用于清洁的水常常需要软化才能获得最佳清洗效果。我们所说的“硬水”或“软水”其实最早来源于清洁行业；水比较“硬”是指水中含有较多的钙、镁离子，它们与去污成分结合后使去污剂的泡沫难以产生。

图1.2　位于美国加利福尼亚州普拉森舍的布鲁瑞（Bruery）啤酒厂一角

一旦去污成分与水中的钙离子和镁离子结合，实际操作过程中就需要使用更多的去污剂才能达到清洗效果。对硬水较不敏感的洗涤剂和表面活性剂占据了当前清洁化学品市场的主要地位。此外，水中的硬度也会让设备产生碳酸盐水垢，从而使其难以得到彻底清洗。因此，洗涤前通常要对水进行软化。

除软化以外，酿造用水还需要经过许多其他的处理。供水设施采用多种技术用于从水中去除悬浮固体、溶解固体、以及液体污染物和气体，这些方法也可以在啤酒厂中使用。通过了解可用的水处理技术，我们能更好地选择和应用这些技术来满足啤酒厂的用水需求。

在啤酒生产过程中，水可用在热交换器中来给麦芽汁降温，也可用来配制发酵罐夹套中的丙二醇溶液（图1.3），还用来产生蒸汽并给锅炉系统补水（图1.4）。锅炉用水的预处理对保持能源利用效率和蒸汽发生系统的完整性至关重要。设备和用水管理不善可能对系统性能、能源成本、水和气体排放以及设备寿命产生重大影响。每一个热交换系统可能对水都有不同的要求。

图1.3　巴西圣保罗皮拉西卡巴市达玛（Dama）酿酒厂内使用乙二醇冷却的发酵罐

图1.4　美国加利福尼亚州埃斯孔迪多市巨石（Stone）酒厂使用的锅炉

如今，精酿啤酒往往直接取自罐中，并主要在室内饮用。然而，仍有许多啤酒需要以瓶装或桶装形式销售。美国现行商标法要求啤酒中的酒精含量要严格与商标标注一致，因此，许多啤酒厂使用高浓度发酵，然后再将麦芽汁或啤酒稀释至商标所注浓度。稀释用水通常在分装前加入，需要高度脱气以防止啤酒过早老化。生产线上洗涤和漂洗用水，以及用于清洗不锈钢桶的水一般不需脱气。

酿造过程中的诸多节点都可能会涉及稀释用水的使用，如麦汁煮沸前后或发酵结束后。稀释用水在煮沸前后加入可调整发酵前麦汁的浓度和体积。目前高浓度啤酒发酵技术的普及则更加需要稀释用水的供应。由于煮沸环节之后的稀释用水直接留存于成品啤酒中，酿造厂对这类水的要求是最高的，必须经过消毒和脱气处理。未经消毒或仅经巴氏消毒的稀释用水极可能使啤酒在封装后变质。最后，稀释用水中的钙含量必须小于浓缩啤酒的钙含量，以防止草酸钙沉淀形成。这些草酸盐晶体能充当气泡形成的晶核，当啤酒瓶开启时，可能引起气泡的喷涌。

图1.5　加利福尼亚州奇科市内华达山脉酿酒公司水处理厂房中水脱气装置的底部

图1.6　加利福尼亚州奇科市内华达山脉酿酒公司的好氧消化池

废水的处理和排放经常让成长中的酿酒厂如芒在背。随着啤酒产量的增长，送往处理厂的污水性质和排放量将受到越来越严格的审查。污水处理也从以前一个小麻烦变成每天都让人烦恼的问题——采用何种方式处理废水、废酵母和清洁用化学品来减少污水处理的附加费用并避免被罚款。

酿造产生的废水可能需要在啤酒厂进行预处理（图1.5），以减少排放并改良污水性质。废水预处理的目标是从水中去除溶解和悬浮的固体，将废水pH保持在允许范围内，并降低排放强度。在许多地区，将未经处理的废水排入下水道需向当地水处理机构缴纳高额水处理费用和罚款。化学法、好氧污水处理法（图1.6）和厌氧污水处理法均可以降低啤酒厂的废水排放强度，但每一种方法都有其利弊。有关污水处理方法的细节我们在第10章进行讨论。

希望这篇概述让你更好地理解水作为酿造原料和生产资源的重要性。改良水质使其满足发酵需求是提高啤酒口感和改善啤酒厂运作的重要组成部分。如今，啤酒厂的环保要求的严格程度前所未有。因此，我们将这些与水相关的内容均纳入此书中，希望能够为你提供相关知识和技术，使水真正服务于啤酒生产。

2

第 2 章 水从何而来

了解水从哪里来以及环境如何改变其性质与成分对于促进我们对酿造用水的了解尤为重要。本章介绍了水是如何通过水（水文）循环而变化并最终影响我们的酿造过程。

2.1 水循环

我们可以设想水循环以气体或蒸汽的形式从云中开始（图 2.1）。循环以不会存在太久的纯水为起点。纯水凝结成水滴时会从空气中吸收二氧化碳和其他气体。大气中也充满了尘粒和沙子、氯化钠之类的微小的矿物晶体。这些物质有助于水滴凝结，但同时也会在形成过程中污染水质。水滴凝聚在一起落到地面上的过程即沉降（降雨或降雪）。

雨雪降落到地面汇集形成地表水。地表水与地球接触的时间越长（几天或几年），其中就会溶解越多的环境物质。这些物质可以是动植物有机质，也可以是除草剂和杀虫剂等其他化合物，以及氯化钠和硫酸钙等矿物质。

地表水下渗时大部分有机物会被过滤掉，水体与矿物质接触，这种水被称为地下水。地下水可以在含水层中存在数百年甚至数千年。长时间的接触使矿物质充分溶解在地下水中。在碳酸土壤和岩层地区，这些溶解的矿物质往往会导致地下水具有比地表水更高的硬度和碱度。

图2.1 从气态到液态的水循环过程
（图片来自©shutter stock.com）

井水、泉水渗透进入江河和溪流，将地下水带回到地表水中。无论何时，地下水和地表水都会蒸发回到大气中，重新开始水循环过程。

2.2 水源和矿化

这部分的重点是阐述淡水的三种主要来源（降水、地表水和地下水），以及每种水源在酿造用水中的优缺点。来自降雨或积雪的水比地表水的pH低，含有机物或溶解性矿物质极少。来自河流或湖泊的地表水中含有更多的有机物、适量的溶解性矿物质和碱度。地表水更易被如浮游生物及其残骸的有机物污染。不同地区的地表水水质由于环境条件和人类活动的影响有一定差异。地下水中有机物含量往往较低，但其中溶解性矿物质较多，同时也容易受到工业、农业和其他人类活动的污染。

啤酒厂从地表和地下获取酿造用水已有一个世纪的历史了。但是从这些水源中提取的水多用于饮用水或其他用途，而非酿造。水质经过软化或硬化、pH调节、去除污染离子或有机物后，水质将满足用户的要求并减少对供水基础设施的影响。美国和其他国家的法律通常要求公用事业机构在供水前对水体进行消毒以控制微生物污染。事实上，在供水前对水体进行消毒使其适合饮用，但并不意味着这种水也适合酿造。传统酿造过程通常包括煮沸，但传统消毒过程对啤酒厂来说并不重要。事实上，数千年来，酿造本身就能使水质更加安全。公共饮用水消毒对啤酒酿造商来说可能是一个问题，因为一些普通的消毒剂很难去除，会产生残留的副产品，并对啤酒的风味产生负面影响（这将在第3章进一步讨论）。

第一个课后作业：了解你的水源以及水质。常见水源的详细描述如下。

关于 pH 和缓冲剂

本书后面章节将详细解释 pH，现在要了解的关键点是 pH 是对氢离子浓度或溶液酸度的度量。pH 的测量范围为 0~14，pH7 是中性。pH 小于 7 为酸性，而且 pH 大于 7 为碱性。对酿酒师来说，酿造用水的碱度比 pH 更重要。

为了了解酿造用水，你不仅需要了解 pH，还要了解水中的缓冲体系。缓冲剂是溶液中的一种化合物，它通过与加入的另一种化学物质（盐、糖、酸、碱）发生反应（分解或络合）来有效减缓溶液 pH 的变化。饮用水的主缓冲区通常是碱性的。在不知道缓冲体系的类型和数量的情况下测量水体的 pH 就像测量未知电池的电压一样。电压不会告诉我们电池的大小和容量。同样，你必须知道溶液中缓冲物质的类型和数量才能对 pH 进一步了解。

pH 作为重要的参考指标，在接下来的几章，我们讨论水的来源和组成时将进一步阐述水体的 pH。pH 对了解和控制麦芽化学组分的变化极其重要。有关缓冲剂的更多信息见附录一。

2.3 降水

雨水或雪很纯净，总溶解固体含量小于20mg/L。氮气、氩气和氦气难溶于水，但水汽冷凝时会吸收其他的可溶气体。

标准干空气的气体组分约含有78.1%的氮气、20.95%的氧气以及0.9%的氩气。湿度会取代一些干空气，它占典型大气的1%~4%。换句话说，3%的湿度意味着97%的干空气。单论干燥空气，除去三种主要气体后其余气体的体积只占了0.04%，这其中还包括二氧化碳所占的部分。大气中二氧化碳的含量约为0.039%，占了剩余气体总量的绝大部分。其余气体如氦、氪、臭氧等的含量通常在0.0005%以下，基本不影响大气中水的水质。上述气体都能在一定程度上溶于大气中的水（即云），其中二氧化碳最易溶解，所以它在决定酿造用水的最终组成和化学过程中起着最重要的作用。后续章节将进一步探讨这点。

雨水中的无机分子很少，但空气污染会导致硫酸盐、硝酸盐、醛、氯化物、铅、镉、铁和铜等物质进入雨水。高污染地区的含氮和含硫氧化物可导致酸雨的形成。酸雨具有酸化天然水、侵蚀古迹等破坏作用。经测量，酸雨的pH可低至2.6。

例如，1997年10月到1999年3月，一项对法国阿维尼翁地区的90个雨水样品的研究[①]测定了如下的平均离子浓度：

氯化物　2.1mg/L

硫酸盐　4.6mg/L

硝酸盐　2.8mg/L

碳酸氢盐　2.5mg/L

钠　1.1mg/L

钾　0.5mg/L

钙　2.4mg/L

镁　0.2mg/L

铵盐　0.9mg/L

pH　4.92

总溶解固体　17.1mg/L

① Hélène Celle-leanton, Yves Travi, Marie-Dominique Loÿe-Pilot, Frédéric Huneau and Guillaume Bertrand, "Rainwater Chemistry at a Mediterranean Inland Station (Avignon, France):Local Contribution Versus Long-Range Supply," Atmospheric Research 91 (2009):118-126.www.elsevier.com/locate/atmos.

由此可见，雾、云和降雨的水并不总是纯净的。虽然上述例子表明污染物也可以降低水的pH，但酸度以及pH的主要影响因素仍然是二氧化碳。二氧化碳在雨水中溶解形成水合二氧化碳和碳酸，使水的pH从7（蒸馏水）降低到5~6，平均值是5~5.5。我们可以直接计算接触二氧化碳的纯水的pH。例如，大气中含0.03%的二氧化碳时，纯水的pH是5.65（在20℃时）。

总的来说，降水中的离子含量和碱度极低。但是，工业化地区水的离子含量可能会由于污染而升高，同时风很容易造成远离污染源的地区污染。

2.4 地表水

地表水可以是地面上的任何水体：湖泊、池塘、河流或水洼。由于溶解了矿物质和一些有机物，其pH通常在6~8。地表水水质因流速、深度、面积和地理等因素而有显著差异。在岩石间、山间快速流动的溪流水质与降水极为相似。此类环境中的水体很少含沉积物，所以水体往往很干净。但这些水在饮用前仍需进行处理。例如，加利福尼亚州的内华达山脉引入绵羊后，山脉沿线的河流、江水中的微生物和病原体急剧增加。

另一方面，大型的慢速河流，如密西西比河，由于流经广阔的冲积平原（由土壤和侵蚀岩组成），水体会携带较多土壤、有机质和农业径流，进而变浑浊。河流的水质与流域土地的利用、地质情况密切相关。河流化学组成和性质会随着地质的变化、降水的季节性变化或是当地的环境压力而改变。例如，密西西比河穿过一个曾是内海的流域，原先是海床的石灰石使河水碱度增加，导致密西西比河不同河段的pH不同。尽管pH有差异，但差异不大，都在8左右。相比之下，亚马逊河流经硅质岩（石英和砂岩）地区的碱度就较低了。亚马孙盆地的枯叶和有机土壤在水中形成了腐殖酸和其他有机酸，使水呈茶棕色。有机酸和低碱度使其pH小于6。

冷温带湖泊水由于热分层会产生季节性变化。冬夏季节的湖底水密度较大，其温度为4℃左右。湖面水的密度较小，会在阳光照耀下升温或被冻结。在温度均匀的春秋时节，分层现象消失，风力作用使湖水混合，把湖泊底层的营养物质带到上层，并将富含氧气的地表水带入湖底。温暖地区的湖泊可能受水化和有机物影响。季节性的生物循环，如藻类繁殖和秋天落叶的掉入也会影响地表水水质。它们会使水产生味道或气味，所以需要更有效的方式来处理，而这种处理方式可能会导致大量副产物的产生。例如，用氯给腐烂的植物消毒会产生TCA（2,4,6–三氯苯甲醚），此异味被描述为泥土、霉变、狗或潮湿的地下室的气味，能在低含量时被察觉。水中的微生物产生的MIB（甲基异莰醇）和二甲萘烷醇（土臭味）也会导致地表水的异味。通过活性炭过滤可有效去除这些有味道和气味的化学物质。

2.5 地下水

如上所述，地表水下渗并渗透岩土层形成地下水。地下水流经的半透层被称为含水层。地下水的水龄（从进入地下开始计时）不同，有的含水层蓄水还不到一年，有的却已有上千年历史。世界范围内地下水的平均时间大约为250年。

含水层中的地下水暴露在高温和高压环境中，导致地下水中溶解的矿物质浓度高于地表水。在实验室通过在蒸馏水里加入盐和酸来复制这些高度矿化水体的化学组分同样非常困难。然而，并不是所有的地下水都是高度矿化的。在由难溶性非碳酸盐或硅质岩和土壤组成的含水层中，水体也不会被矿化。地下水的典型pH范围为6.5~8.5。pH低于这个范围的地下水容易溶解铁、锰等金属。这些金属在低浓度时就能对酿造用水造成影响。

啤酒厂更希望根据酿造特性来对地下水水源进行分类。但事实上，含水层是由土壤科学家和水文地质学家分类的，而不是酿酒师。科学家们更关心的是水的流动性和获得水源需要挖掘的深度。根据水文地质学家的划分，有两种主要类型的含水层：承压层和潜水层。承压含水层具有一个覆盖着渗透区域的隔水层（如黏土）。蓄水层中的隔水层对地表污染具有一定的屏蔽作用。如果渗透性的土壤或岩石一直延伸到地面，则为潜水含水层。此外，水文地质学家通常以地理位置来命名水源，所以如果你生活在美国阿肯色州北部，则你的水源可能来自欧扎克高原。

另一方面，地质学家关注的主要是岩石和地层。美国地质调查局（USGS）确定了北美洲的5种主要类型的含水层：沙和砂砾岩、砂岩、碳酸盐岩、夹层砂岩和碳酸盐岩、火成岩和变质岩。美国北部特殊含水层地质单元（即岩石种类）的信息可通过usgs.gov获得。其他国家应该也有类似资源。

尽管这种地质学的分类方式并不适用于酿造用水，但这种分类也很有意义，如果你知道了矿物和离子种类，就能够判断其水质。那么地质是怎样影响水质的呢？矿物是一类特殊的化合物，如碳酸钙、石膏、朱砂、石榴石、石英等。岩石是自然作用下矿物质和非矿物的组合。一种特定的岩石，如花岗岩，是矿物的特定组合。水体接触岩石就会侵蚀或溶解其中的组分。虽然我们无需识别岩石和地层，但这能使我们对地下水水质有更好的了解。

沙和砂砾岩含水层通常由硅石类岩石组成，例如相对难溶的花岗岩。该类含水层的地下水中溶解的矿物质往往较少，由于高透水性而容易受到地表污染源的污染。这类含水层多位于密苏里州、密西西比河流域、得克萨斯州北部、阿肯色州、内华达州、南卡罗来纳州、佐治亚州和佛罗里达州。

砂岩含水层主要由沙粒大小的颗粒黏合在一起。砂岩包括各种各样的沉积岩，如浅海盆地和沿海滩涂区在高蒸发条件下形成的石膏。石膏有多种形式，最常见的是被开采用于制作熟石膏和墙板的白色岩石。砂岩含水层的导水率低，水体滞留时间长，易形成高度矿化水。这类含水层在从落基山脉到美国北部平原地区多见。

碳酸盐岩含水层在全世界都很普遍，它们主要由石灰石（碳酸钙）和白云石（碳酸钙、碳酸镁）组成。石灰石是古老海洋中数以亿计的贝壳和珊瑚沉积的结果。地下水由于溶解了土壤中由细菌产生的或与大气接触时吸收的二氧化碳而具有明显的酸度。酸性地下水能够溶解石灰岩，形成洞穴和地下河。碳酸盐岩含水层可随地形发展到地上，即众所周知的喀斯特地貌，其主要特征是由下沉及石灰岩丘形成的泉水、落水洞、消失的溪流、峡谷（如中国和南美洲的孤立的石灰岩丘陵）。喀斯特地貌在美国的阿巴拉契亚和佛罗里达州较为常见。北美洲以外的典型碳酸盐岩含水层是英国的伦敦盆地和科姆谷。伦敦盆地的砂岩含水层之上有一层黏土，下部覆盖着一层白垩层（软石灰岩）。白垩为地下水贡献了碱度，深井汲取的地下水更加接近白垩层，因此砂岩含水层中的浅井比深孔井的碱度更低。

第四类含水层为夹层砂岩和碳酸盐岩含水层。它是由碳酸盐岩夹杂着几乎和碳酸盐岩等量的砂岩构成。这类含水层出现在得克萨斯州南部，从阿巴拉契亚到阿迪朗达克山脉地区以及俄亥俄州。这类含水层也含有石膏，且水通常高度矿化。位于英国特伦特河畔的伯顿是酿酒界最著名的硬水地区，既有来自石膏的高硬度，又有来自碳酸盐岩的高碱度。

最后的第五类含水层由火成岩和变质岩组成（例如玄武岩和花岗岩，或大理石和石英岩等）。这些岩石的孔隙度低，水的流动通常通过岩石的裂缝实现。这类含水层在阿巴拉契亚、华盛顿州东部、俄勒冈州和爱达荷州都很常见。这些相对不溶的岩石对水的硬度和碱度影响很小，例如加利福尼亚州内华达山脉的火成岩。冬天的水以雪的形式存在，夏天的水慢慢融化流出。这类含水层的水质与初期降水非常相似。

2.6 从源头到水龙头

并不是所有社区的供水都来自同一个充沛而稳定的水源。为保证大量人口的全年高质量饮用水，供水水源通常是多种水源的混合物。虽然一些大型啤酒厂拥有自己的水井或长期用水权，但家庭酿酒和许多小型酿酒厂只能从市政供水获得水源。不同的水源会影响供水的离子组分。在第一世界国家，所有的市政供水商都要严格遵守水质净化和卫生法律。所需要的具体净化步骤会随着水源的变化而调整，但传统的净化过程如图2.2所示。

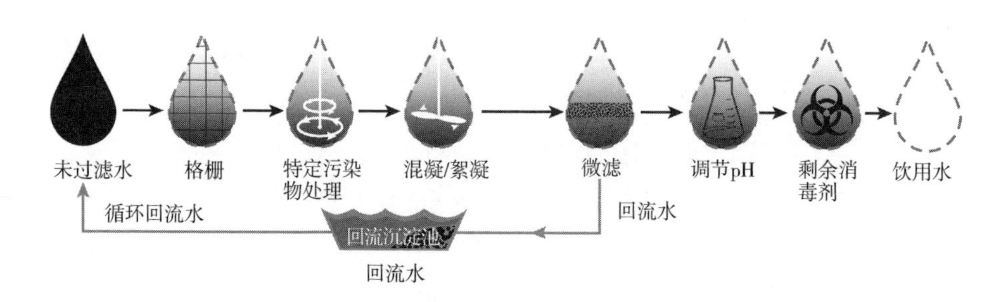

图2.2 传统的水净化过程

地表水的第一个处理步骤是通过格栅过滤掉诸如树枝和树叶之类的环境杂物。接下来的步骤则取决于污染物的类型。这些处理过程之间的顺序可能会有所变化。其中水体中的有机物和有气味化合物可以用活性炭进行处理。水中高浓度的铁或锰可通过曝气氧化或臭氧氧化转化为它们的不溶性形态，一旦变为不溶形式，金属就可以从水中过滤出来。另一种去除溶解的铁和锰的方法是通过“绿砂”过滤、氧化并捕获离子。如果水太硬，则可用石灰软化以沉淀碳酸钙和氢氧化镁。水中的细小颗粒物可与明矾（硫酸铝）、氯化铁或聚合物添加物混凝。混凝剂有助于凝聚微粒，加速沉降，易于过滤。细沙和淤泥等较大的颗粒可在几分钟内沉淀而被去除。但像细菌这样的小颗粒在没有混凝剂的帮助下则需要几天的时间来沉淀。

澄清的水再经过砂滤或介质过滤器以去除微粒和微生物。过滤后的水就可以进行最后的步骤了：调节pH和消毒。调节pH可以通过添加石灰、碱或酸，将水的pH调整到可接受范围内，以避免基础设施管路和用户用水管道的腐蚀或结垢。公共管道中需要剩余一定的消毒剂，以防止水出厂后水中细菌的污染和生长。消毒过程通常水处理终端添加氯或者是氯和氨（用于产生氯胺）。

关于氯和氯胺

有一些简便方法可以确定水中是否含有氯或氯胺。从水族店或实验室用品店中可买到游离氯和总氯的试剂盒。这些试剂盒可以检测水中是否有消毒剂存在：游离氯测试可测出水中的游离氯；总氯测试可以对氯胺中的结合氯进行测试。如果游离氯测试值低于总氯测试值，则有氯胺存在。如果这两个测试的值相等，那么只有氯存在。这些测试也可以检查活性炭过滤器中消毒剂是否被全部去除。过滤炭柱长期使用后，需要检测过滤水水质。

也有一些 DIY（自己动手做）的实验室方法来检测供水中消毒剂的存在。一个简单方法是倒一杯水放置过夜，第二天早上把它在两个杯子之间来回倒并闻气味。如果它闻起来像氯，那么它可能是氯胺（因为大多数氯都蒸发掉了）。你可能会想到把该味道和一杯新鲜的水比较一下。无论如何，在你用它来酿造之前，先闻一闻和尝一尝你的水的味道比较好。

氯非常不稳定，在接触空气或加热条件下很容易被去除。因此，夏季时需要在水中加入大量的氯，以确保管道中会残留足够的氯来保证消毒效果。氯是一种非常有效的水消毒剂，但是大量的氯会产生难闻的气味和味道，并且可以与天然有机物（NOM）反应产生消毒副产物（DBP）。NOM普遍存在于地表水源中，地下水源中很少发现。有几种消毒副产物被认为是致癌物质。氯胺通常用来代替氯消毒以减少消毒副产物的生成。氯胺是氯和氨的一种化合物，在供水系统中相对稳定，比氯更持久有效。氯胺比氯的挥发性要小得多，消费者更

不容易察觉其气味。然而，氯胺在去除微生物方面效果不太好，通常需要更大的剂量才能达到与氯相同的消毒效果。氯胺的低挥发性和高剂量使得啤酒商更难去除。后续章节中将会更多讨论消毒剂的去除。

下一章我们将描述一份典型的（美国）水质报告，并讨论在酿造过程中需要考虑的大部分事项。

3

第3章 如何阅读水质报告

有效利用某种事物的最好方式是了解它，了解它是如何构成的，了解它是如何运转的。毋庸置疑，水是独一无二的，它因其独特的分子形状而获得独特的性质。

水是一种极性溶剂，这意味着每个水分子都带有极性，或者带负电荷和正电荷的两端。由于电子的分布，水分子的氢侧比氧侧带有更多正电。分子的极性使其更易吸引其它的极性分子，如氯化钠、硫酸钙和碳酸钙。在极性溶剂的影响下，极性分子通常会解离（分裂）为正离子和负离子。水中常见离子化合物的标准溶解度请参阅表3.1。

水分子由两个氢原子和一个氧原子组成，其分子的形状受原子间共用电子的影响。两个氢原子分别与氧原子共用一个电子对，使得氧原子的外层形成了4个完整的电子对。这些电子分布于离氧原子核最远的四面体的角上。氢的存在使四面体形状稍有改变，两个氢原子间最终相距104.45°，而不是常规四面体的109°（图3.1）。

非极性分子由于其负电荷和正电荷在分子中均匀分布，因此没有极性。水是常用溶剂，可溶解很多极性和非极性物质。

通常情况下，非极性分子在水中的溶解性较差，有一些分子可微溶于水。水能够通过水合作用溶解部分非极性分子，即水分子能够完全包围或“润湿”这些分子。例如，非极性分子二氧化碳可通过水合作用溶解。此外，能够微溶的非极性分子还包括酒花酸、苯和碘。与其他物质间的热反应或化学反应能够提高非极性分子的溶解度，可将其从悬浮固体转变为溶解性固体物质。

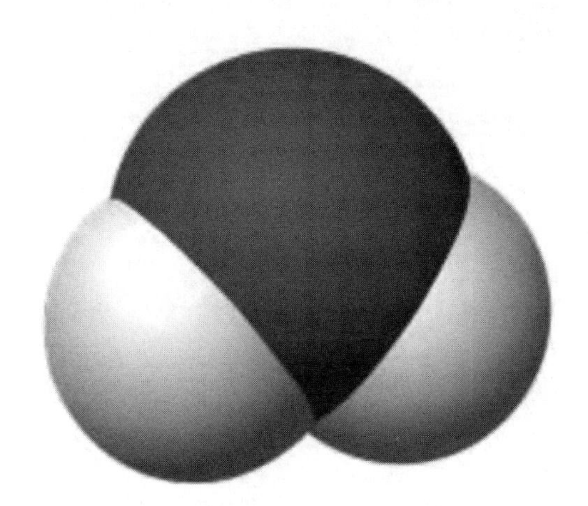

图3.1　水分子示意图

水中常见离子化合物的溶解规律见表3.1。

表 3.1　　水中常见离子化合物的溶解规律

离子	规律
硝酸盐（NO_3^-）	所有的硝酸盐化合物都可溶
氯化物（Cl^-）	所有的氯化物都可溶
硫酸盐（SO_4^{2-}）	除硫酸钡和硫酸铅外，几乎所有的硫酸盐化合物都可溶。钙、银和汞的硫酸盐微溶
碳酸盐（CO_3^{2-}）	碳酸盐化合物通常不溶，除了钠、钾和铵的碳酸盐可溶（碳酸钙见第 4 章）
磷酸盐（PO_4^{3-}）	磷酸盐化合物通常不溶，除了钠、钾和铵的磷酸盐可溶
硅酸盐（SiO_4^{4-}）	硅酸盐化合物通常不溶，除了钠、钾和铵可溶
氢氧化物（OH^-）	大多数氢氧化物不溶，除了锂、钠、钾和铵的氢氧化物可溶。氢氧化钡中度溶解，氢氧化钙和氢氧化锶微溶
硫化物（S^{2-}）	除钠、钾、铵、镁、钙和钡之类的碱金属硫化物外，几乎所有的硫化物都不溶
钠盐、钾盐、铵盐	几乎所有的钠、钾和铵的化合物都可溶，除少数几种含重金属的化合物外，如 K_2PtCl_6

什么是离子？

离子是由于得失电子而具有净正电荷或净负电荷的原子或原子团。离子化合物是由 2 个及以上离子通过离子键（即静电吸引作用）结合在一起构成的极性分子。离子的电荷采用在离子的化学符号之后加上标来表示。带正电荷的离子称为阳离子，带负电荷的离子称为阴离子。例如，氯化钠（NaCl）溶解生成阳离子 Na^+ 和阴离子 Cl^-。水合氯化钙（$CaCl_2 \cdot 2H_2O$）水解生成 1 个 Ca^{2+}、2 个 Cl^- 和 2 个水分子。需要注意的是，单一化合物的电离产物，其正负电荷之和始终为零。例如，1 个钙离子的 +2 电荷和 2 个氯离子的 -1 电荷相加为零。

本书中若提到溶解的矿物质和（或）离子，意味着相同的前提，如我们提到水中的硫酸钙或碳酸钙，即假定它已在水中依照溶解度常数溶解和水解。

天然水源中溶解的阳离子和阴离子的总和也必须为零。若不为零，则可能是该组分取的是平均值，或是不同的离子采用了不同的测定方法。关键是水中溶解性离子的电荷浓度之和在任何时候都必须为零。第 6 章和附录四将对此进行进一步说明。

3.1 水质报告参数

天然水体中有许多矿物质和化合物，从不同的环境来源中溶解到水体里。也有一些人造化合物，但这些人造化合物通常不利于水质，所以被称为污染物。污染物也可能是天然存在的，如霉菌、细菌、硝酸盐等，都是天然存在的水体污染物。正如我们在前一章所讨论的，水处理的主要目的是去除这些污染物，水质报告的目的则是向公众说明供水水质中这些污染物的种类和含量。

我们首先通过识别典型供水水质中的关键组分——主要离子和化合物，来开始审阅水质报告。之后，我们将向您展示一份典型的（美国）水质报告。实际上，典型的水质报告其实是不存在的。美国环境保护署和《清洁水法》（*Clean Water Act*）要求对清单上的有害污染物进行测定和数据公开，但这其中并不包括酿酒师最关心的离子，如钙等。水质报告通常会包含这些离子，但这也取决于供水商。

典型的水质报告重点关注水中的农药、微生物和有毒金属等污染物的含量是否符合饮用水安全法规。在美国，饮用水一级标准规定了这类物质的最高含量（MCL）。MCL在保护公众健康方面具有法律效力。尽管一级标准对于保障水质非常重要，但酿酒商通常对饮用水二级标准或感官标准更感兴趣。二级标准规定了影响水的味道、pH和碳酸盐浓度的指标，即二级最大污染物浓度水平（SMCL）。在美国，这些指标规定通常不具有法律效力。

在许多地区，公共供水的水源存在季节性变化，通常会导致酿造品质的显著不同。酿酒商应至少每个月联系一次水务部门以获取最新信息，水务部门通常也乐意向其提供二级标准的相关信息。然而，并不是所有的水质测试都包括了酿酒商关注的参数。在这种情况下，酿酒商可能必须在第三方实验室或自己来测定这些参数，但自己测定的话，所需设备和试剂的成本很高，通常难以负担。

在酿酒商感兴趣的参数中，影响糖化和发酵过程的主要离子是钙（Ca^{2+}）、镁（Mg^{2+}）和总碱度［以$CaCO_3$计，有时也以碳酸氢盐（HCO_3^-）表示］。酿造时它们在糖化罐、煮沸锅和发酵罐中的相互作用会影响pH和其他因素。钠（Na^+）、氯化物（Cl^-）和硫酸盐（SO_4^{2-}）会影响水和啤酒的味道，但一般不影响pH，也如上述三种离子一样不会影响发酵性能。水中的离子浓度通常以毫克/升（mg/L）表示。

水源水水质报告中的主要酿造参数见表3.2。

表 3.2　　水源水水质报告中的主要酿造参数

一级标准[最大污染物标准（MCL），在美国具有法律效力]和二级标准[二级最大污染物标准（SMCL），不具有法律效力]为（美国）国家标准。行业标准一般不受监管。

酿造用水的源水标准用斜体表示，这些标准只适用于水源水。水源水处理技术详见第8章。

成分	分类	参数 /（mg/L）	原因
碱度（即 $CaCO_3$）	未受监管	*0~100 酿造*	碱度过高影响糖化，碳酸盐易与钙、镁结合导致结垢
溴酸盐	一级标准	<0.01MCL *<0.01 酿造*	消毒副产物，工业污染物。可能致癌
钙	未受监管	*50~150 酿造*	发酵、澄清、醪液 pH
氯	一级标准	<4 MCLG *0 酿造*	残留的消毒剂可能导致啤酒口味变化
氯化物	二级标准	<250SMCL *0~100 酿造*	啤酒风味——主要影响麦芽品质
铜	二级标准	<1SMCL *<1 酿造*	营养物质，但高含量有毒。啤酒中的氧化催化剂
卤代乙酸（HAA5）	一级标准	<0.060MCL *<0.060 酿造*	消毒副产物，可能致癌
铁	二级标准	<0.3SMCL *0 酿造*	啤酒变味，导致结垢和腐蚀

续表

成分	分类	参数 /（mg/L）	原因
镁	未受监管	*0~40 酿造*	影响发酵、澄清度和醪液 pH，也可能来源于麦芽
锰	二级标准	<0.05SMCL *0 酿造*	啤酒变味，结垢、沉淀引起喷涌
硝酸盐（以 N 计）	一级标准	<10MCL（以 N 计） <44MCL（以 NO_3 计） *<44 酿造*	硝酸盐过多可能表示有农业径流流入。硝酸盐能够还原成亚硝酸盐
亚硝酸盐（以 N 计）	一级标准	<1MCL（以 N 计） <3MCL（以 NO_2 计） *<3 酿造*	亚硝酸盐是食品防腐剂，对酵母细胞有毒
硅酸盐	二级标准	<25SMCL *<25 酿造*	在锅炉系统和膜系统中造成结垢和破坏
钠	不受管制	*0~50 酿造*	影响啤酒风味含量越低越好
硫酸盐	二级标准	<250SMCL *0~250 酿造*	啤酒风味——酒花的品质和干度
总溶解性固体	二级标准	<500SMCL *<500 酿造*	高含量易导致矿化和结垢
三卤甲烷（THM）	一级标准	<0.1MCL *<0.1 酿造*	消毒副产物，可能致癌
浊度	二级标准	<0.5ntu SMCL *<0.5 ntu 酿造*	高浊度表示污染严重同时更易结垢

3.2 一级标准

下一节中，列出了美国环境保护署《清洁水法》（*Clean Water Act*）规定的饮用水中的最大污染物浓度标准（MCL）。如果某一特定物质的标准尚未批准确定，则列出该污染物的目标标准（MCLG）。MCLG是一个非强制性的健康标准。依据著名的酿造文献（参见参考文献）编制的《酿造水源水指南》（*Brewing Source Water Guidelines*），列出了所有相关物质以确保一致性。在某些物质标准还未确定的情况下，指南对该物质标注“待定”。在某些情况下，例如残留氯标准，指南仅仅给出“尽可能低”，将其列为“零目标”。

由于版面限制，该清单并没有完整列出。除了锑和铊这类稀有污染物外，有机污染物如茅草枯（除草剂）也未被列入其中。完整的名单可以参照美国环保署网站（www.epa.gov）。

3.2.1 砷

MCL=0.01mg/L

酿造水源水指南= 零目标

砷在水中的溶解度很低，它的存在通常表明水体受到采矿作业或土壤/岩石沉积物的污染。颗粒态砷可以通过传统过滤方式用小于0.45 μm孔径的过滤器去除。溶解态砷分为有机态和无机态两种形式。通常，无机态砷毒性更大。有机态砷，如长链聚合物形态的砷，则可以通过混凝过滤或树脂活性炭吸附来去除。无机态砷的处理方式通常包括吸附剂吸附（离子交换、氧化铝、铁），氧化剂氧化（绿砂、氯化、臭氧化）或过滤/沉淀（石灰软化、反渗透）处理。

3.2.2 钡

MCL=2mg/L

酿造水源水指南≤2mg/L

钡在大多数水体中的溶解度都小于0.1mg/L，很少发现其浓度超过0.05mg/L的情况。钡被列入一级标准是由于其产生的溶解性化合物是有毒的神经毒素，但它主要以硫酸钡和碳酸钡的形式存在，该类物质难溶于水且无毒性。事实上，硫酸钡常用于X射线成像。钡可以通过离子交换、反渗透或石灰软化的方法去除。

3.2.3 溴酸盐 / 溴化物

MCL=0.01mg/L

酿造水源水指南=零目标

溴通常存在于海水中，浓度约65mg/L。它是一种常见的工业化学品，存在于工业废物、杀虫剂和杀菌剂残留物中。淡水中溴的浓度非常低，其浓度大于0.05mg/L则表明水体可能被工业废物或农药污染。溴化物和溴酸盐是消毒副产物。臭氧消毒可将溴化物氧化成溴酸盐。溴化物和溴酸盐能够通过离子交换、活性炭和反渗透工艺去除。

3.2.4 镉

MCL=0.005mg/L

酿造水源水指南=零目标

镉是有毒重金属，其存在于天然水体中，但更多来源于镀锌钢材的腐蚀（镉是其中的痕量元素）。镉是工业污染物，通常用于电池、油漆和防腐蚀涂料中。镉可以用离子交换、铁吸附或反渗透工艺去除。

3.2.5 余氯

MCL=4mg/L

酿造水源水指南=零目标

该指标包括添加氯胺产生的氯以及直接添加的氯。氯和氯胺是非常有效的消毒剂，它们通过氧化微生物的细胞膜并使细胞破裂起到消毒作用。过量的余氯会导致消毒副产物的产生，这些副产物有害健康，且会使啤酒产生异味。例如，药用氯酚化合物的味道是其中的异味之一。在用于啤酒酿造前应去除水中的余氯和氯胺。尽管规定的消毒剂最大残留限值为4mg/L，但水务公司偶尔会过量添加（例如夏末）以确保供水管道中有足够的残留消毒剂。因此酿酒商偶尔也需要额外增加处理工艺，如活性炭过滤或化学中和以去除余氯。由于氯会氧化和破坏膜过滤设备，因此不考虑采用该技术。

3.2.6 铬

MCL=0.1mg/L

酿造水源水指南=未确定

铬有多种形态，但只有一种Cr^{6+}是潜在的致癌物质。这种铬只能通过工业污染产生，天然水体中并不存在。铬，跟许多其他的痕量金属一样（如锌）是人体的一种营养元素。铬可以通过离子交换、铁吸附或反渗透工艺去除。

3.2.7 氰化物

MCL=0.2mg/L

酿造水源水指南=零目标

氰化物是一种具有毒性的工业污染物。通常用于颜料、塑料和金属电镀液。其可以通过离子交换和活性炭过滤技术去除。

3.2.8 氟化物

MCL=4mg/L

酿造水源水指南=零目标

氟化物是一种如氯和碘一样的卤素，存在于多种矿物中。通常在饮用水中加入1.5~2.5mg/L的氟以保护牙齿。氟浓度大于5mg/L会导致牙齿脆弱和氟斑牙。玻璃、钢铁和铸造业的废水中氟的浓度更高。石灰沉淀可将高浓度含氟废水降至10~20mg/L。其他有效的去除技术包括反渗透、颗粒活性炭和活性氧化铝。

3.2.9 铅

MCLG=0mg/L

酿造水源水指南=零目标

现代饮用水处理厂的工艺技术，很容易使出水满足饮用水中铅的浓度标准0.015mg/L。铅污染主要来源是冶金废物或含铅工业废物，也会来自于含铅合金，如黄铜或结构性焊料的腐蚀析出。现代的管道焊料采用的是锡银合金，不含铅。而黄铜中的铅含量通常低，质量分数低于5%。美国要求2014年以后出产的所有黄铜管道无铅，并刻上“NL”字样。铅最容易被腐蚀溶解。铅还可以溶解并与有机物络合，其产物需要通过氧化才能完全去除。铅可以通过石灰软化、离子交换或反渗透工艺去除。

3.2.10 汞

MCL=0.002mg/L

酿造水源水指南=零目标

汞是典型的工业污染物，但也存在于自然环境中。它可通过石灰软化、离子交换、反渗透或活性炭工艺去除。

3.2.11 硝酸盐

MCL=44mg/L

酿造水源水指南≤44mg/L

硝酸盐通过氮循环（植物）或作为肥料通过农业径流进入水体中。硝酸盐可在厌氧条件（即发酵）下转化为亚硝酸盐，使酵母细胞中毒并破坏发酵周期。硝酸盐也能通过类似的机制对人体健康造成危害。硝酸盐对婴儿的危害极大，而儿童和成人对于硝酸盐的耐受性强于婴儿。一些实验室用氮来表示硝酸盐，通常表示为（NO_3—N）。1 mg/L（NO_3—N）等于4.43mg/L（NO_3^-）。硝酸盐可以通过离子交换或反渗透工艺去除。活性炭过滤对硝酸盐去除没有效果。

3.2.12 亚硝酸盐

MCL=3mg/L

酿造水源水指南≤3mg/L

亚硝酸盐多用于肉类腌制，其能够将血红蛋白中的铁从亚铁氧化成三价铁，从而降低人体内血红蛋白的输氧能力。亚硝酸盐对婴儿危害极大，但儿童和成人对于亚硝酸盐的耐受性稍强。亚硝酸盐可以通过离子交换或反渗透工艺去除。活性炭过滤对亚硝酸盐去除没有效果。

3.2.13 PCE

MCL=0.005mg/L

酿造水源水指南=零目标

四氯乙烯（PCE）是一种无色工业溶剂，主要用作干洗剂和金属染色剂。饮用水中PCE的主要来源是工厂和干洗店。长期接触高浓度的PCE会导致肝脏损害，增加患癌风险。实际上有21种类似的挥发性有机化合物也具有最高浓度标准规定（MCL）。PCE只是其中最常见的污染物之一。PCE可以采用活性炭工艺去除。

3.2.14 TCE

MCL=0.005mg/L

酿造水源水指南=零目标

三氯乙烯（TCE）是一种工业溶剂，在过去的50年中通常用作金属脱脂剂。由于其在地下水中的高挥发性和溶解性，TCE已被严格限制使用。接触TCE与PCE对人体的危害相似，会增加患癌和肝/肾损伤的风险。TCE可以通过活性炭去除。

3.2.15 总大肠菌群

MCL≤5个/100mL

酿造水源水指南=零目标

大肠菌群的存在表明供水水体被人类排泄物、污水或雨水污染。大肠菌群本身不具有健康危害，但它可作为检测其他潜在有害细菌如霍乱存在的重要指标。加热或使用消毒剂是杀灭大肠菌群的有效方式。

3.2.16 总卤代酸（HAA5）

MCL=0.06mg/L

酿造水源水指南=零目标

卤代乙酸是一类消毒副产物，会增加患癌风险。乙酸（CH_3COOH）中的氢原子被来自卤素基团的原子取代，生成卤代乙酸。水中最常见的五种卤乙酸（HAA5），分别是一氯乙酸（MCA）$ClCH_2COOH$，二氯乙酸（DCA）$Cl_2CHCOOH$，三氯乙酸（TCA）Cl_3CCOOH，一溴乙酸（MBA）$BrCH_2COOH$和二溴乙酸（DBA）$Br_2CHCOOH$。反渗透或活性炭过滤是有效去除卤代乙酸的方法。

3.2.17 总三卤甲烷（TTHM）

MCL=0.08mg/L

酿造水源水指南=零目标

三卤甲烷是水中作为消毒副产物的氯化有机化合物。具体来说，这些物质包括氯仿、二溴氯甲烷、溴二氯甲烷和溴仿。含有机前体物质的水，预氯化处理和（残留）游离氯会导致三卤甲烷的生成。动物研究（比要求的浓度高得多的浓度）表明长期接触三卤甲烷会对中枢神经系统、肝脏、肾脏和心脏造成不良影响。曝气、氧化或活性炭过滤可有效去除三卤甲烷。

3.2.18 浊度

酿造水源水指南=0~0.5浊度单位（NTU）

浊度是水体透明度的量度，与水中悬浮固体含量密切相关。这些固体包括絮状沙子、淤泥、黏土、分解的植物、藻类和细菌等。浊度是表征过滤出水品质的指标。浊度高的水体更可能含有多种污染物。浊度可以通过标准过滤工艺降低。

浊度可以通过很多种方式测定。优选的方法是散射浊度单位或NTU，该方法是采用聚焦的白炽灯照射样品，并测定与样品成90°的方向上散射光强度。之前采用的Jackson浊度单位方法，则是利用蜡烛测量透过样品的光的透射率。

3.3 二级标准

3.3.1 铝

SMCL=0.2mg/L

酿造水源水指南≤0.2mg/L

金属铝不溶于饮用水，因此水中的铝离子最可能来自于混凝和絮凝处理过程中使用的铝盐。磷酸铝、硅酸盐和氧化物的沉积物可能对冷却水系统造成危害。铝在低pH（<4）和高pH（>10）时最易溶解。

3.3.2 氯离子

SMCL=250mg/L

酿造水源水指南=0~100mg/L

氯化物在大多的供水系统中很常见。氯离子有助于增加麦芽的甜度和啤酒口味的丰富度，但含量高于250mg/L时会使大多数啤酒口感呈糊状或出现咸味。据说超过300mg/L的氯会影响酵母活性。过高的氯化物浓度可能与硫酸盐或钠络合，导致啤酒苦涩、有咸味。氯化物与余氯不同，也不具有余氯的消毒效果。

3.3.3 铜

SMCL=1mg/L

酿造水源水指南≤1mg/L

水中的铜大多来源于黄铜和铜管道的腐蚀，也有可能来自于用于控制水库中藻类而添加的硫酸铜。高浓度的铜有毒性，最低致死剂量是每千克体重摄入200mg。少量的铜可减少啤酒中的硫酸盐和其他硫化合物，如H_2S，对酿造有益。酵母是非常好的铜清除剂，因为铜是酵母必不可少的营养物质，因此啤酒中很少会发现残留的铜。过量的铜可以通过石灰软化、离子交换或反渗透工艺去除。

3.3.4 铁

SMCL=0.3mg/L

酿造水源水指南=零目标

铁最易溶解的形态是亚铁离子（Fe^{2+}）。铁在水中会产生类似金属或血的味道。高浓度铁会与氯化物和硫化物相结合，导致不锈钢管道的腐蚀。铁可以通过曝气氧化后过滤去除，也可以用离子交换或反渗透工艺去除。

3.3.5 锰

SMCL=0.05mg/L

酿造水源水指南≤0.1mg/L

锰广泛存在于土壤中，易溶于缺氧水体。锰易富集在沉积物中，且在深水井中浓度较高。锰是很难处理的金属元素，由于其易与有机物络合形成复合物，并可随pH、碳酸盐类物质平衡或氧含量变化而沉淀。含氧量较低的湖泊深层水源中可能含有高浓度的锰。锰含量会由于春季和秋季的热量转换而发生季节性变化，当表面的含氧水与底部的水混合减少时会使锰含量降低。锰在相对较高的浓度（>2mg/L）时会因沉淀而引起啤酒喷涌，但低浓度（<0.2mg/L）的锰是酵母的必需营养物质（通常由麦芽充分供应）。即使在低浓度（0.1mg/L）的条件下，锰也会使水产生非常强烈的金属味道。锰可以通过氧化后过滤、离子交换、绿砂或反渗透工艺去除。

3.3.6 pH（水）

SCML=6.5~8.5

酿造水源水指南=5~9.5

美国EPA给出的供水pH标准为6.5~8.5，污水处理后的排放标准为pH 5.5~11。超出这个范围的污水排放需要进行预处理。本书会在后续进一步讨论pH。通常，供水的pH对酿造几乎没有影响。供水的pH可以为确定水源和到达啤酒厂之前进行何种水处理提供线索。指南中的标准是对供水极端pH的预警。

3.3.7 硫酸盐

SMCL=250mg/L

酿造水源水指南=0~250mg/L

硫酸根离子会加重啤酒花的苦味，使苦味显得更加干爽。但超过400mg/L的硫酸根会使产生的苦味发涩、难闻。硫酸盐只是弱碱性，对水的总碱度没有影响。建议源水的硫酸盐浓度越低越好，因为硫酸盐不易去除且可随时添加。硫酸盐通常易溶，可以通过离子交换或反渗透工艺去除。

3.3.8 总溶解固体（TDS）

SMCL=500mg/L

酿造水源水指南≤500mg/L

总溶解固体（TDS）是水蒸发后残留下的物质。包括盐类、有机物和一些化学残留物。水的TDS检测对于工业用水非常有用，但是对于描述酿造用水的适用性并不十分有用。TDS值只是潜在的水源矿化程度的一个快速指标。一般而言，高TDS的水体比低TDS的水体可产生更多的碳酸盐垢。高TDS的水体比低TDS的水体更具腐蚀性，尽管腐蚀性很大程度上是取决于所涉及的材料。通过电导测试来监测水源的TDS是一个有效的方式，可以预警水源水质的突然变化。

总溶解固体（TDS）测定

TDS 可在实验室中测定。过滤以除去水样中可能引起误差的悬浮物质。测量滤出水的体积，之后加热蒸发所有的水分，留下水中的溶解性物质。测量溶解物的质量，除以样品的初始体积得出 TDS 结果，通常表示为毫克 / 升（mg/L）。

TDS 也可以通过水的电导特性测定。使用专用仪表测量溶液的电导率。然后，电导率值可以通过以下公式计算溶液中的 TDS：

TDS（mg/L）= 电导率（μS/cm）× F

式中　F——换算系数，通常在 0.54 和 0.96 之间变化的，典型值为 0.67。

电导率以（μS）/cm 来衡量。

TDS 测量仪依据上面的方程可直接读取 TDS 值。TDS 测量仪可以对自来水或脱盐过程（如 RO、纳滤等）的处理效果提供有价值的水质保证检查。

3.3.9　锌

SMCL=5mg/L

酿造水源水标准=0.1~0.5mg/L

金属锌在水中的溶解度通常比钙低，但是易溶于酸。饮用水中的天然锌含量通常小于1mg/L，接近0.05mg/L。基于锌的味道阈值，锌的SMCL设定为5mg/L。超过这个含量会产生涩味。然而，锌同时也是酵母的重要营养物质，麦汁发酵的最佳锌含量为0.1~0.5mg/L。浓度大于0.5mg/L的锌可能导致啤酒稳定性降低并产生异味。锌常作为产品防腐剂。锌可以通过离子交换、石灰软化或反渗透工艺从水中除去。

3.4　非常规感官标准

3.4.1　硼

酿造水源水标准=未确定

在大多数水体系统中，硼和硅的性能相似，我们不能确定硼是否有害。硼可用于调节和缓冲循环冷却系统的pH。

3.4.2 钙

酿造水源水标准=50~150mg/L

钙通常是决定饮用水硬度的主要离子。在发酵和煮沸过程中，钙对酵母、酶和蛋白质的反应都起到促进作用。钙与麦芽中的磷酸盐反应生成磷酸钙沉淀并释放氢离子，从而降低了醪液的pH。钙可以提高成品啤酒的澄清度、风味和稳定性。钙还可以促进蛋白质凝固和酵母絮凝。在钙含量低的水中加入钙可以确保醪液中的酶具有足够的活性。另一方面，若麦汁中钙含量过高（例如添加石膏后钙含量＞250mg/L），则会抑制酵母对镁的吸收并影响发酵性能。

钙本质上是中性风味，但它可以降低镁的酸味。酿造用水的最佳钙浓度为50~150mg/L。但是钙浓度超过或低于此范围时，我们仍然可以成功酿造啤酒。

大麦麦芽中的草酸盐能与钙反应形成草酸钙（啤酒石）。草酸钙可以在酿造过程中任何时候发生沉淀，若其在啤酒包装后沉淀，草酸钙晶体将作为气核引起啤酒的起泡和喷涌。因此建议在酿造用水中保证足够高的钙含量（即麦芽中草酸盐含量的3倍），使草酸钙尽早在糖化和煮沸过程中沉淀，而不是在发酵或包装过程中沉淀。

钙和镁的浓度通常被称为暂时硬度或永久硬度。暂时硬度可以通过煮沸或石灰软化与碳酸氢盐反应生成碳酸钙（$CaCO_3$）沉淀去除。这就是$CaCO_3$浓度单位的由来。如果碱度（以$CaCO_3$计）大于硬度（以$CaCO_3$计），那么水中所有的硬度都是暂时硬度。如果硬度（以$CaCO_3$计）大于碱度（以$CaCO_3$计），则部分水体硬度在煮沸后仍存在，这就是永久硬度。其他去除钙的方法有离子交换法和反渗透法。

3.4.3 镁

酿造源水标准=0~40mg/L

镁离子在水中的特性与钙相似，但是在与磷酸盐反应进而降低醪液pH方面影响较小。镁是酵母丙酮酸脱羧酶代谢的重要营养物质，所以麦芽汁中至少应含有5mg/L的镁。测定用蒸馏水制成的10°P的全麦芽汁镁含量为70mg/L，因此可以合理假设酵母所需的全部镁都将由全麦芽汁提供。含有大量精制糖或其他添加物的麦芽汁中可能需要添加少量的镁以提供5mg/L的最低含量。高于125mg/L的镁含量对饮酒者有通便和利尿的作用。虽然酿造用水通常不需要镁，但也可以在其中加入镁以增加啤酒的酸味和涩味。镁可通过石灰软化、离子交换或反渗透工艺从水中除去。

3.4.4 磷酸盐

酿造源水标准=未确定（但含量应该低）

磷酸盐不是水源水标准指南中的指标，但它是水处理中的污染物和常见添加剂。磷酸盐污染通常来自农业径流和工业废物，可用铝或铁盐使其转化为难溶物后过滤去除。

磷酸盐化合物在麦芽和麦芽汁中也很常见。啤酒厂废水中的高残留磷酸盐可以通过好氧和厌氧工艺进行处理。磷酸盐也可以通过离子交换或反渗透工艺去除。

3.4.5 钾

酿造水源水标准≤10mg/L

钾盐的溶解度与钠非常相似，但钾盐在天然供水系统中却很少见。过量泥沙（即高浊度水）很可能造成源水中钾含量过高。钾离子浓度大于500mg/L时会使水具有咸味。由于麦芽含钾，所以麦芽汁和啤酒的天然钾浓度相对较高（300~500mg/L）。因此，钾软化水与钠软化水一样不利于酿造。然而，如果初始麦芽含量允许，则优选钠盐作为增加啤酒的阴离子含量的手段，钾可以通过反渗透工艺去除。

3.4.6 二氧化硅

酿造水源水标准≤25mg/L

二氧化硅普遍存在于供水系统和多种矿物质中，也能以硅酸盐的形式从谷壳中提取出来。高浓度的二氧化硅会导致啤酒在过滤时滤速缓慢并使啤酒浑浊。水体中的大多数二氧化硅都以胶体形式存在，也就是说它以不同尺寸的小型聚合物链形式存在。非常短的链往往易溶于溶液中，而长链则悬浮其中。这些胶体可以在锅炉中蒸发浓缩。二氧化硅的去除过程包括：石灰软化过程中吸附于镁形成的沉淀物，在铁盐的混凝过程中吸附于产生的氢氧化铁，脱矿化过程中的阴离子交换和反渗透。二氧化硅能够与钙和镁结合，在管道中严重结垢，也能污染反渗透膜。如果使用反渗透技术降低二氧化硅的浓度（>30mg/L），则应将回收率控制在50%以下，以避免过早形成膜污染。

3.4.7 钠

酿造水源水标准=0~50mg/L

饮用水中钠的浓度很高，特别是水体经过基于盐的软化剂（即离子交换）

软化后。软化水通常不适用于酿造，尽管少数情况下，钠的增加可能有利于软化过程中铁和锰的去除。钠浓度在70~150mg/L的范围，可以使啤酒味道更香并能提高麦芽的甜度，特别是与氯离子共同作用时。钠离子浓度在150~200mg/L时，会促进咸味的产生。但当浓度大于250mg/L时，过量的钠会使啤酒产生涩味和强酸味。钠浓度较低时啤酒中会产生清香的味道。高浓度钠离子与高浓度硫酸根离子的组合将会产生非常强烈的涩、酸、苦的矿物味。

3.4.8 电导率

酿造水源水标准=未确定

电导率是溶液导电能力的度量，它取决于所溶解物质的种类和含量。电导率不适用于不同水源水之间的比较，但可用于测量单一水源水的变化情况，因为其与TDS相关。理论上纯净水的电导率为零，但在pH为7时纯水会微量解离，电导率约为1 μS/cm。海水的电导率约为37200 μS/cm。

3.4.9 总碱度

酿造水源水标准≤100mg/L

水的碱度对酿酒师来说是最重要的参数，因为它对麦芽性能影响最大。总碱度定义为在pH4.3时，将水样中的碳酸盐和碳酸氢盐转化为二氧化碳所需的强酸的量。

根据水样的初始pH，可对碳酸盐碱度和碳酸氢盐碱度进行分步滴定，其总和为总碱度。如果初始水样pH高于8.3，碳酸盐碱度定义为滴定至pH为8.3时所需酸的量，即为P碱度，通常使用酚酞作为指示剂。如果初始水样pH小于8.3，则碳酸盐的作用不显著，样品通常采用显色pH范围在3.2~4.4的甲基橙作为指示剂，这种以碳酸氢盐为主的滴定所需酸的量被称为M碱度。总碱度是P碱度和M碱度的总和。

然而，滴定终点的甲基橙颜色变化很微妙，难以准确观察。目前ISO标准规定，使用滴定终点为pH 4.5的溴甲酚绿–甲基红作为指示剂。以哪个pH作为滴定终点由具体操作的实验室决定，ISO标准是pH 4.5。根据这些滴定终点计算出的总碱度差异不大，约5%。这种精确度可能比大多数水族馆或游泳池滴管式测试盒的分辨率要高，并且可与在实验室测量样品和试剂体积而引入的微小误差相当。如果碱度测定结果中没有详细说明滴定终点或指示剂的选用，建议联系相关实验室咨询。有关碱度的进一步说明请参阅第4章。

3.4.10 总硬度

酿造水源水标准= 150~500mg/L，以$CaCO_3$计

以$CaCO_3$计的总硬度通常包括两个主要成分，钙和镁。总硬度按照下面的公式计算：

总硬度=50×[ρ（Ca）/20+ρ（Mg）/12.1]

其中ρ（ ）表示离子种类的浓度，单位为mg/L。

该计算公式将各浓度以$CaCO_3$计。其他二价金属离子如铁、锰、铬、锌等，如果大量存在，也会对硬度有影响，可以用同样的计算方式加到总硬度中。钙和镁是饮用水中最普遍的硬度成分。

表3.3所示为一份典型的水质报告。

表 3.3 洛杉矶渡槽过滤厂城市水区域质量报告（2010 年数据）

参数	最大污染浓度 /（mg/L）	测试平均值 /（mg/L）
一级标准		
总大肠菌群（检出）	样本的 5 个 /100mL	0.9 个 /100mL
多氯联苯（PCB）	0.0005	ND
四氯乙烯（PCE）	0.005	< 0.0005
三氯乙烯（TCE）	0.005	< 0.0005
总卤代酸（HAA）	0.06	0.027
总三卤代酸（THM）	0.08	0.056
铝	1	< 0.05
砷	0.05	0.004
钡	1	< 0.1
溴化物	0.01	< 0.005
铬	0.005	ND
铜	(0)	ND
氟化物	2	0.8
铅	(0)	ND
汞	0.002	ND

续表

参数	最大污染浓度 /（mg/L）	测试平均值 /（mg/L）
硝酸盐（以 NO_3^- 计）	45	< 2
硝酸盐和亚硝酸盐（以 N 计）	1	< 0.4
铀 (Bq/L)	0.74	0.111
二级标准——感官标准		
氯化物	(250)	42
色度	(15)	3.5
起泡剂	(0.5)	ND
铁	(0.3)	ND
锰	(0.05)	< 0.02
pH	(6.5~8.5)	7.4
银	(0.1)	ND
硫酸盐	(250)	33
总溶解固体	(500)	226
浊度 /NTU	(5)	< 0.1
锌	(5)	< 0.05
非常规参数		
钙	未确定	25
镁	未确定	8
磷酸盐	未确定	0.051
钾	未确定	4
二氧化硅	未确定	17
钠	未确定	45
总 $CaCO_3$ 碱度	未确定	106
总 $CaCO_3$ 硬度	未确定	93
总有机碳		1.5

注：( ) =标准值，ND=未检测到。

什么是摩尔？

术语“摩尔”源于“克分子”，用于描述等量的化学“物”，这些“物”可以是原子、分子、离子或电荷。化学家用它来描述参与化学反应中物质的量。因此，可以说 2 摩尔的氢与 1 摩尔的氧反应，生成 1 摩尔的水。

有趣的是，随着科学家们量化原子质量，以及原子理论的提出，摩尔的概念得到了发展。当时有至少 3 个候选标准，即氢、氧和碳。最终，同位素碳 12 被选定。科学家们将摩尔定义为 12g^{12}C 所含的原子个数。因此，阿伏伽德罗常数被定义为 1 摩尔 ^{12}C 中的原子数，该数目已经通过实验确定为 $6.02214078 \times 10^{23} \pm 1.8 \times 10^{17}$。

同一元素的同位素具有相同质子数，不同中子数。我们可以通过原子核中的质子和中子的总数来鉴别同位素。例如，^{12}C 指的是这个原子除了 6 个质子外还包含 6 个中子，原子序数为 6。

3.5 水的硬度和碱度

水的硬度和碱度通常以$CaCO_3$计，因为当使用碳酸将100mg碳酸钙溶解在1L水中时（模仿大自然石灰石的溶解方式），钙的硬度和碱度（通过标准方法测量）均为100mg/L。水的硬度在水质报告上经常以“$CaCO_3$硬度”或“总硬度”的形式表示。水硬度通常用螯合性实验来测定，其中使用化学试剂如EDTA用于络合并沉淀所有的阳离子。将沉淀物称重，则单位体积的质量就是溶液的总硬度。铁、锰和其他金属也会在螯合实验中被计算入最后结果，这使得水质报告上的总硬度通常大于以$CaCO_3$计的钙和镁的浓度之和。

总而言之，供水水体中可能含有数百种物质，但只有几十种对酿酒至关重要。水的硬度和碱度影响糖化醪的pH，糖化醪的pH将在第4章和第5章进一步讨论。第6章、第7章、第8章和第9章将讨论每种酿造工艺和其他用途的水化学优化。

参考文献

[1] ISO standard 9963-1: *Water Quality - Determination of Alkalinity, Part 1 - Determination of Total and Composite Alkalinity* (1994).

[2] *Standard Methods for Water and Waste Water Treatment* - Alkalinity, American Water Works Association, 1999.

[3] Faust, S.D., Osman, M.A., *Chemistry of Water Treatment*, 2nd Ed., CRC Press, 1998.

[4] Benjamin, M.M., *Water Chemistry*, Waveland Press, 2010.

[5] Flynn, D.J., Ed., *The Nalco Water Handbook*, 3rd Ed., McGraw Hill, 2009.

[6] Eumann, M., *Brewing - New Technologies, C. Bamforth, Ed.*, Ch. 9 - Water in Brewing, CRC Press, 2006.

[7] Taylor, D., *Handbook of Brewing*, 2nd Ed., F. Priest, G. Stewart, Ed., Ch. 4 - Water, CRC Press, 2006.

4

第4章 剩余碱度与糖化醪

回顾前面几章，我们讨论了水源、水的成分以及水处理方法等内容。我们认为，水的pH只是啤酒酿造用水这一领域中的一小方面。为了解酿造用水，你既需要了解水的pH，更应清楚水的成分。由于水中矿物成分起到了缓冲剂的作用，它们对糖化过程的影响超过了水的pH。缓冲剂是溶液中能抵抗pH变化的物质。缓冲剂的能力越强，越能抵抗pH的变化，即需要更多的H^+或OH^-才能引起pH的改变。在对缓冲体系数量还未明确的条件下测量水体pH就如同测量未知电池的电压一般。电压本身并不能指示电池还能维持多长时间。同理，知道了水的pH而不知道水中缓冲剂的数量并不能帮助我们预测糖化醪的pH响应。饮用水中的碳酸、碳酸氢盐和碳酸盐是调节水的碱度唯一的缓冲体系。其他的缓冲剂如磷酸盐则来源于麦芽。由于这两种缓冲体系与钙、镁离子的相互作用，使得调节糖化醪的pH变得极为复杂。而另一组缓冲剂——麦芽中的类黑素也对糖化醪的pH有显著影响。我们将在第5章讨论它的效应。

为什么糖化醪的pH比水的pH更重要呢？因为只有当糖化醪的温度和pH控制在相当窄的范围内时才能生产出最好的

啤酒。pH是化学平衡结果的一种表达方式。水的pH是水中化学反应平衡的结果，同理，我们想要控制的糖化醪pH是其中化学平衡的结果。对糖化醪来说，水和麦芽是新添加的反应成分，而pH是对其中反应结果的测量。糖化醪的pH既能反映糖化醪的初始状态也能反映反应结束后的结果。特定时间点的氢离子浓度（pH）是该体系内化学反应平衡的结果。因此，糖化醪的表现，如最佳酶活性及其所需的特定条件也同样是体系内化学反应的结果。在完全理解了影响pH的化学反应后，我们就可以讨论糖化醪pH与酶的活性和糖化醪的表现之间的相互关系。如果将水的pH割裂出来，它并不是糖化醪表现的影响因素。因为，水的pH和糖化醪pH来自于两种不同的化学反应。

在本章中，我们将介绍剩余碱度的概念以及它如何影响糖化醪的pH。糖化醪的pH是影响酶活性的重要因素，并影响啤酒的最终pH。大卫・泰勒在《酿造过程中pH控制的重要性》（*The Importance of pH Control During Brewing*）一文中说过一句中肯的话："在整个酿造过程中，控制pH的关键在于糖化阶段。在这一阶段，影响pH的主要因素将会对糖化醪中缓冲体系的组成和形式发挥作用，而后者将影响随后的麦汁和啤酒的生产"。那么，什么是糖化醪的理想pH？这是一个很好的问题。让・德克勒克在《酿造教科书》中指出，用蒸馏水配制成的基础麦汁在冷却后其pH通常约为5.8。德克勒克引用了霍普金斯和克劳斯的研究结果，指出麦汁的pH随着温度的升高而降低，pH的降低与温度大致呈线性关系；蒸馏水在18℃和65℃的pH差值为0.34，对相同温度下的"中等硬度的水"该pH差值为0.33。这意味着在糖化过程中，麦汁在室温下测得的pH存在一定的偏差。由于大多数技术研究已经使用室温标准来测量麦汁的pH，而且室温对分析设备更为适宜，因此，本书统一使用室温标准来测量并记录pH。

德克勒克并没有说明什么是最佳的糖化醪pH。他只是说："大多数酶在pH低于麦汁通常的pH5.8时表现出最大的活性。因此，糖化醪通常被酸化以将pH降低至5.0~5.2。该pH更适合于蛋白质的水解和有机磷酸盐的分解"。需要说明的是，德克勒克上述表述主要是针对当时（20世纪50年代）的欧洲比尔森麦芽和慕尼黑麦芽来说的。与经过高度或过度改良的英国淡色麦芽相比，它们的可溶性蛋白质含量分别低至29.8%和38.8%，而改良后麦芽的蛋白质含量约为40%。换言之，较低的糖化醪pH使较少改良的麦芽中的蛋白质更易于水解，从而提高了糖化醪中总提取物和游离氨基氮（FAN）的含量。

沃尔夫冈・昆泽在《酿造与麦芽制作技术》（*Technology Brewing and*

Malting）一书中指出，与“正常”糖化醪的pH范围在5.6~5.9相比，由于总浸提物的量和酶分子衰减限值的升高，淀粉酶和淀粉降解的最佳pH范围为5.5~5.6。此处所谓的“正常”取决于麦芽和酿造水的成分。作者在文中进一步指出，降低糖化醪pH的益处包括可缩短和优化糖化过程、使过滤速度更快、获得更高的浸出率、更好的颜色稳定性、更优的发酵以及更好的泡沫。总而言之，酿酒师应将糖化醪的pH范围控制在5.4~5.6，煮沸后麦汁的最终pH控制在5.1~5.2。

在《酿造中的pH概述》（*pH in Brewing: An overview*）一文中，查尔斯·班福斯指出，各种蛋白水解酶和糖化酶的最适pH似乎随着研究人员选择的底物不同而显著变化。酶的热稳定性比pH对它效能的发挥更为重要。然而，班福斯也指出，pH似乎对从麦芽中提取的酶具有强烈的影响。正如斯滕霍尔姆和霍梅的研究显示，将糖化醪pH从5.7降至5.4可增加极限糊精酶的提取率。此外，降低pH的方法似乎非常关键。与添加矿物质和有机酸相比，添加钙似乎对糖化醪整体性能的协同影响更强。研究表明，在添加钙盐的实验中，糖化醪过滤的最优pH范围为5.5~5.7，而添加酸的实验中，糖化醪过滤的最优pH范围为4.4~4.6。

总之，上述研究表明室温下糖化醪的“最佳”pH范围为5.0~5.6。由于现代高度改良过的麦芽汁减少了蛋白水解的需要，该范围的下限可能不如以前那样适用。因此，糖化醪的pH范围可调整为5.2~5.6。酿酒师可以在该范围内选择一个最适合他们啤酒的pH。啤酒师还应尽量将糖化醪的pH控制在±0.1范围内，以保持一致性。

影响糖化醪pH的因素很多，其中一些与大麦品种和麦芽制作工艺相关，而这些因素通常不是酿酒师所能控制的。酿酒师能够做的最好的事情是找到稳定的、高质量的麦芽来源且专注于他能够控制的因素，包括酿造水的成分、盐和酸等添加剂、采样和测量方法的一致性等。了解酿造用水的成分与调整效果的关键因素是剩余碱度。剩余碱度（RA）是糖化醪中水的硬度和碱度相互作用的结果。下面就来介绍这一概念。

4.1 水的碱度

要想了解剩余碱度，首先要了解碱度是如何进入水中的。它是由空气中的二氧化碳气体压力所控制的双因子系统。水的碱度由溶解了CO_2的酸性地下水与白垩（$CaCO_3$）或白云石[$CaMg(CO_3)_2$]反应形成的碳酸盐的含量决定。能溶解到水中的碳酸盐的量取决于二氧化碳的分压，这反过来又决定了溶解在水中的二氧化碳的量。换言之，溶解的碳酸盐和溶解的二氧化碳总是处于平衡，水中的碳酸盐浓度总是随溶解的二氧化碳水平的变化而变化。

在自然界，碳酸钙（白垩）的溶解非常缓慢，这种平衡的恢复也发生得非常缓慢。事实上，这就是为什么碳酸盐水垢在水龙头和淋浴头上是如此常见的原因。当压力快速下降，水流出时排放气体并释放出溶解的二氧化碳，从而使水基本上处于碳酸盐饱和状态。过饱和碳酸盐逐渐积聚在出水口附近。相反，过饱和的二氧化碳溶液会较快地将碳酸钙溶解到水中。通过在高压下通入纯的CO_2而获得碳酸化水将加速碳酸钙溶解于水中。

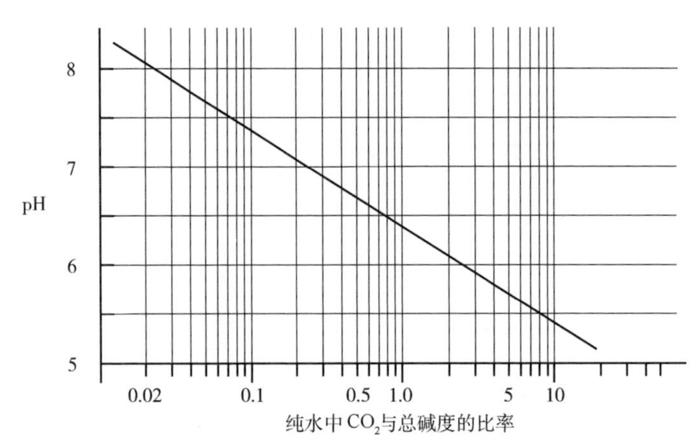

图4.1　在标准温度（如室温）和压力下纯水中的碳酸钙和CO_2的溶解度与pH间的关系图

在一定的pH条件下，溶解的CO_2和碳酸钙的比率是一个常数。CO_2（aq）和$CaCO_3$两者浓度均用mg/L表示。

碳酸盐与溶解的二氧化碳间的平衡决定了纯水的pH（如图4.1所示）。尽管还有更多的因素也适用这一规律，但二氧化碳的分压和二氧化碳/碳酸盐比率是大多数饮用水中决定pH的主要因素。

固体、液体和气体状态的碳酸盐类物质间的平衡可由化学方程式来描述。根据亨利定律，当二氧化碳气体溶解于水时，CO_2浓度由大气中气体的分压（p_{CO_2}）和常数K_H=0.032决定。即：

$$c（CO_2）=0.032p_{CO_2}$$

溶解的CO_2与两个水分子缔合，类似于硫酸钙（$CaSO_4 \cdot 2H_2O$），通常被写作CO_2（aq），以区别于气态二氧化碳。溶解的CO_2中只有一小部分为碳酸（H_2CO_3），通常是总溶解二氧化碳量的0.17%。将二者合并，即$c[(H_2CO_3)]+c[CO_2(aq)]$，通常写作“H_2CO_3*”。其中，二氧化碳含量受亨利定律及二氧化碳分压的影响。

平衡常数

不是所有的化学反应都能彻底完成。平衡常数所阐述的是一种持续性正向或反向的反应状态的化学平衡方程。在反应 $A+B \rightleftharpoons C+D$ 中，双箭头意味着反应没有完成。一定量的 A 和 B 反应生成 C 和 D，一定量 C 和 D 反应生成 A 和 B。在给定的温度和压力下，两边之间的平衡由方程$\frac{c(A) \cdot c(B)}{c(C) \cdot c(D)}=K$来定义，$K$ 即是平衡常数。

在水化学中最重要的两个反应是：

$$H_2CO_3 \rightleftharpoons H^+ + HCO_3^- \text{ 和 } HCO_3^- \rightleftharpoons H^+ + CO_3^{2-}$$

以第一个方程为例，$\frac{c(H^+) \cdot c(HCO_3^-)}{c(H_2CO_3)}=K_1$

当有氢离子参与且数量很少时，我们喜欢采用数字的负对数表示，以 pH 为例：

$$-\log c(H^+)=pH，-\log K_1=pK_1$$

在白垩和水存在的情况下，母体物质在平衡体系中占主导地位（意味着很少的物质溶解或反应），分母被认为是一个常数并被合并到K中。使得：

$$CaCO_3 \rightleftharpoons Ca^{2+} + CO_3^{2-} \qquad pK_S=8.38=c(CO_3^{2+}) \cdot c(CO_3^{2-})$$

$$H_2O \rightleftharpoons H^+ + OH^- \qquad pK_W=14.17=c(H^+) \cdot c(OH^-)$$

在不同情况下，常数均可以用来计算未知物质的浓度。如需更多相关信息，请参阅附录一。

溶解于水中的白垩与水合CO_2间的关系由下列方程描述。这些在20℃条件下的化学方程式都是由平衡常数或离解常数决定的。

$$CO_2+H_2O \rightleftharpoons H_2CO_3^* \qquad pK_H=1.41$$

$$H_2CO_3^* \rightleftharpoons HCO_3^-+H^+ \qquad pK_1=6.38$$

$$HCO_3^- \rightleftharpoons CO_3^{2-}+H^+ \qquad pK_2=10.38$$

$$CaCO_3 \rightleftharpoons Ca^{2+}+CO_3^{2-} \qquad pK_S=8.38=c(Ca^{2+})\cdot c(CO_3^{2-})$$

$$H_2O \rightleftharpoons H^++OH^- \quad pK_W=14.17=c(H^+)\cdot c(OH^-)$$

这里，总反应为$aCO_2+bH_2O+cCaCO_3 \rightleftharpoons dH_2CO_3$，而$H_2CO_3^* \rightleftharpoons HCO_3^- \rightleftharpoons CO_3^{2-}$之间的平衡由$pK_1$和$pK_2$来决定。

换句话说，碳酸盐一旦溶解即能以任何三个平衡的形式存在，水合二氧化碳/碳酸（$H_2CO_3^*$）、碳酸氢根（HCO_3^-）和碳酸（CO_3^{2-}）。溶解反应如图4.2所示。图4.3反映了决定pH各平衡组分的比例。请记住，这里的“平衡”意味着该种物质已有充足的时间达到一个稳定的、均衡的状态。这里，“充足的时间”通常是指许多个小时，而这一变化过程是指该种物质变化的同时还应有另一物质的生成或变化。

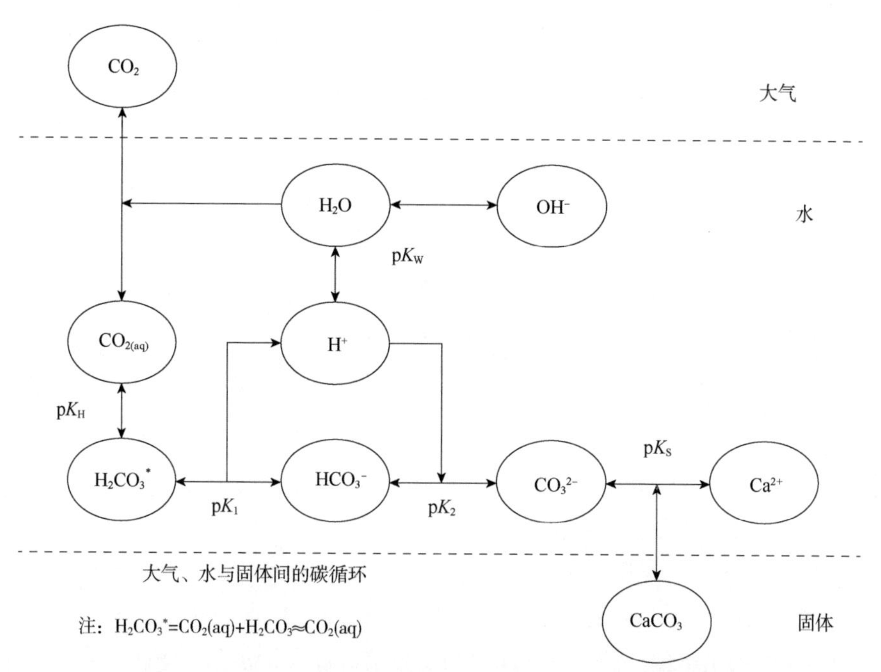

图4.2 水中碳酸盐的主要来源，即来自空气中的CO_2和由石灰石溶解成的白垩（$CaCO_3$）

在低pH下，水中的二氧化碳/碳酸占主导地位；pH在6~10形成碳酸氢盐；在高pH条件下则形成碳酸盐。事实上，只有一小部分的CO_2水溶液会形成碳酸，达到平衡时，占比通常为1/650，且取决于二氧化碳分压和pH。

各种形式碳酸盐的相对比例随着水pH的变化而变化。在pH=pK_1时，碳酸氢盐与水合CO_2/碳酸摩尔浓度相等，在pH=pK_2时，碳酸盐和碳酸氢盐的摩尔浓度相等。在（pK_1+pK_2）/2=8.3的条件下，碳酸氢盐形式占主导地位。在pH低于4.3时，碳酸盐完全转化为水合CO_2和碳酸。pH＜4.3区域被认为是游离矿物酸度区。在糖化醪pH范围内，在平衡条件下，这一比例变成了以水合CO_2为主而碳酸氢盐所占比例较小。图4.3表示上述几种碳酸盐类物质与pH的相互关系。如上所述，碳酸盐类物质之间的转变可能会经过许多个小时，缓慢地发生，甚至在麦汁中也会如此。

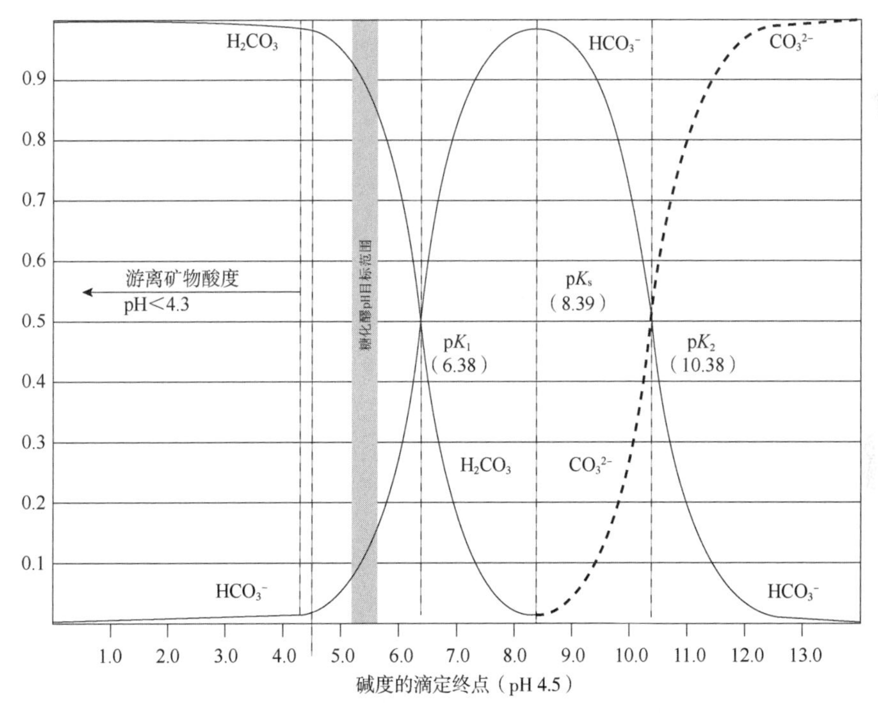

图4.3　碳酸盐的三种存在形式与pH的相互关系（20℃）

此图反映了在20℃、不同pH条件下，水中碳酸盐类物质的摩尔分数。该饮用水中碳酸盐的主要形式是碳酸氢盐。在pH6.3~10.3，其含量超过50%，在pH约8.3时达到峰值。为便于观察，糖化醪所在的pH区域标为灰色。

碳酸盐体系的溶解度随着温度升高而降低。这是由于在水中的气体（即

CO_2）及其溶解产物的溶解度降低（由于亨利系数的降低）。碳酸钙在纯水中（无CO_2溶解）的溶解度约为14mg/L。在与空气接触，即正常压力条件下，其溶解度增加到约50mg/L；在更高浓度的可溶性二氧化碳水平条件下，其溶解度能提高到75mg/L。当水溶液中含有其他非钙离子如氯化钠、硫酸镁时，碳酸钙的溶解度会略有增加。这是因为其他盐离子倾向于将钙离子和碳酸根离子隔离开，这样它们就不太可能结合成碳酸钙沉淀。硫酸钙的溶解度随温度升高而降低，但其溶解度（3~8g/L）比碳酸钙高出多个数量级。当向含有碳酸钙的水中添加硫酸钙时，会导致碳酸钙沉淀。这是因为额外钙离子的加入使可溶性$c(Ca^{2+})\cdot c(CO_3^{2-})$超过了它们的限值。

那么，自然界中高碱度的水是怎样形成的呢？关键的因素是地下CO_2分压。地下CO_2分压能够达到3~5kPa，而在正常气压下CO_2的分压仅为0.03~0.05kPa。究其原因，主要是由于细菌呼吸产生CO_2引起的分压增大。但当地下水被带到地表面时，多余的CO_2被释放到大气中。在恢复碳酸盐间的平衡时，过多的碳酸钙会缓慢地沉淀下来。这种现象可以在家庭管道的积垢逐渐增加的过程中观察到。

可以推测，在糖化醪的低pH条件下，碱性盐（碳酸氢钠、碳酸钙、氢氧化钙等）都较易溶解。如果以$CaCO_3$作为总碱度来进行量化，它们所有的碱性电位都会影响糖化醪的pH。然而，实践表明，情况并非如此。第5章、第6章将对造成这种情况的原因进行更深入的讨论。

4.2 糖化醪中的磷酸钙沉淀

大麦麦芽中磷的含量大约为1%。它是将糖化醪的pH降低到适于酶作用范围的关键因素之一。磷酸盐主要以麦芽（肌醇六磷酸钙镁）的形式存在，并在制醪的过程中被水解。菲汀是一种钾、镁植酸盐的混合物。菲汀的水解由植酸酶催化，但除了最轻度烘干的麦芽外，植酸酶在麦芽的焙烤过程中很容易变性。所幸，菲汀的水解还是发生了。各种磷酸根离子（主要是$H_2PO_4^-$，但也包括H_3PO_4、HPO_4^{2-}和PO_4^{3-}）与钙一起被释放出来。

尽管糖化醪中的化学反应相当简单，但在pH降低过程中至少有10个独立但又相互作用的反应发生。这些反应沉淀磷酸钙、释放氢质子并与溶解的碳酸盐反应生成水和二氧化碳气体，降低体系的碱度。这些沉淀物主要是羟磷灰石

$[Ca_{10}(PO_4)_6(OH)_2]$，但也可以由$CaHPO_4$、$Ca_4H(PO_4)_3$等诸多物质组成。这个反应产生二氧化碳的量相当于水体碱度的降低量。这样，碱度也可定义为将碳酸盐和碳酸氢盐转化成碳酸（H_2CO_3*）所需要的酸的量。所对应的化学方程式为：

$$10Ca^{2+}+12HCO_3^-+6H_2PO_4^-+2H_2O \rightarrow$$
$$Ca_{10}(PO_4)_6(OH)_2+12CO_2+12H_2O+2H^+$$

其基本过程是麦芽磷酸盐与溶解的钙发生反应产生磷酸钙沉淀，释放质子并与溶解的碳酸盐反应生成水和二氧化碳，降低碱度和pH。碱度的降低通常受水和糖化醪中钙含量的限制。糖化醪中有大量的含量近1%的磷酸盐存在。假定每千克谷物产生4L糖化醪，则糖化醪中钙含量近2g/L，远高于大多数天然水源中钙的含量（小于100mg/L）。

4.3 剩余碱度

碳酸盐的溶解度、碱度和水的硬度这些因素是如何影响糖化醪pH的呢？答案是一个被称为“剩余碱度”的量化指标。1953年，德国酿造科学家保罗·库尔巴哈对糖化醪开展了一系列的试验。他确定，3.5当量（Eq）的钙与糖化醪中的磷酸盐反应可“中和”1当量水的碱度。此外，他还确定镁盐也有类似的作用方式，但由于氢氧化镁溶解度高，其作用能力较弱，需要7当量的镁才能中和1当量的水的碱度。经过这种中和反应后，水中残存下来的碱度被称之为“剩余碱度”（简称RA）。这种剩余碱度提高了糖化醪pH，使其偏离了由蒸馏水制备的糖化醪pH（被认为是“正常的”pH）。换句话说，库尔巴哈确定酿酒师可以通过添加钙、镁盐调节麦汁pH至等于或低于蒸馏水pH。

以体积为单位，上述反应可表示为：

$$\text{mEq/L RA} = \text{mEq/L 碱度} - [（\text{mEq/L Ca}）/3.5+（\text{mEq/L Mg}）/7]$$

式中，mEq/L定义为毫当量/升。此外另一个当量单位如“$CaCO_3$”也可使用，但在使用时不能仅仅局限于浓度（mg/L），还必须考虑其化学当量。

这个方程还可以用我们比较熟悉的计量单位来表示，即：

$$RA\ (mg/L\ CaCO_3) = 碱度\ (mg/L\ CaCO_3) - \{[Ca\ (mg/L)/1.4] + [Mg\ (mg/L)/1.7]\}$$

剩余碱度的任何正值都会导致糖化醪pH高于蒸馏水pH。同理，剩余碱度的任何负值将会导致糖化醪pH低于蒸馏水pH。为抵消碱性水中的正值RA，酿酒师可以添加钙/镁盐、加酸或利用自然的酸性深色麦芽降低RA值，以使糖化醪pH回归到正常的范围。

从历史上看，深色啤酒的风格起源于水中剩余碱度较高的地区。因为深色麦芽的酸性帮助中和了水中的碱度，提高了啤酒的产量和风味。但用低RA的水酿造黑啤酒时会导致糖化醪pH在5以下，此时会生成一种颗粒状物质，并带来烤麦芽的味道，甚至损害β–淀粉酶的活性。据报道，β–淀粉酶的适宜pH在5.0~6.0较窄的范围内。在这个范围内，麦汁的可发酵性可能会增加，但酒体质量会下降。过低的糖化醪pH会最终降低麦汁的pH。过低的麦汁pH会降低酒花的利用率、削弱酒花风味与苦味的呈现。

相反，用高剩余碱度的水酿造淡色啤酒可能会使糖化醪pH超过6，导致单宁酸、硅酸盐含量增加，使酒花苦味粗糙，削弱β–淀粉酶活性。它还会使啤酒特点变得非常单一，特别是使麦香味变为“迟滞的”。这种水会使麦汁pH变高，从而影响酒花特性。尽管高pH能使α–酸更好地异构化，但最终呈现的苦味却不像平常的——酿酒师会告诉你，这是一种完全不同的啤酒，尝起来像是由高α–酸含量的酒花品种酿造的。较高的麦汁pH可能会从啤酒花中提取出更多的多酚，并带来一种更粗糙的啤酒花风味特征。

剩余碱度这一指标已经被欧洲酿酒师所熟知且使用了几十年，但是比尔森拉格啤酒的流行减少了这一概念的使用频率。在利用剩余碱度指标时常见的提示是：（1）水的碱度应尽可能低；（2）钙含量应至少为50mg/L。多种风格精酿啤酒的复兴使酿酒师们再次思考：“那些经典的淡色和深色啤酒的风格在形成时与当地水源有着怎样的联系？”A. J. 德朗格在其论文《酿造用水概述》（*Brewing Water——Overview*）中绘制了世界上几个主要酿造城市水体的RA。他指出，较高的剩余碱度通常与当地较深色的啤酒风格相关（参见图4.4）。约翰·帕尔默在其《如何酿酒》（*How to Brew*）一书中探讨了这一概念，绘制了一个列线图并标明了剩余碱度与一系列啤酒颜色的对应关系。这项工作的目的是使酿酒师能够使用当地水，并通过添加盐或其他处理方式使糖化醪pH达到各种啤酒配方的要求，无论是淡色还是深色啤酒，从而有助于啤酒最终达到最佳pH，使啤酒的风格完全呈现。

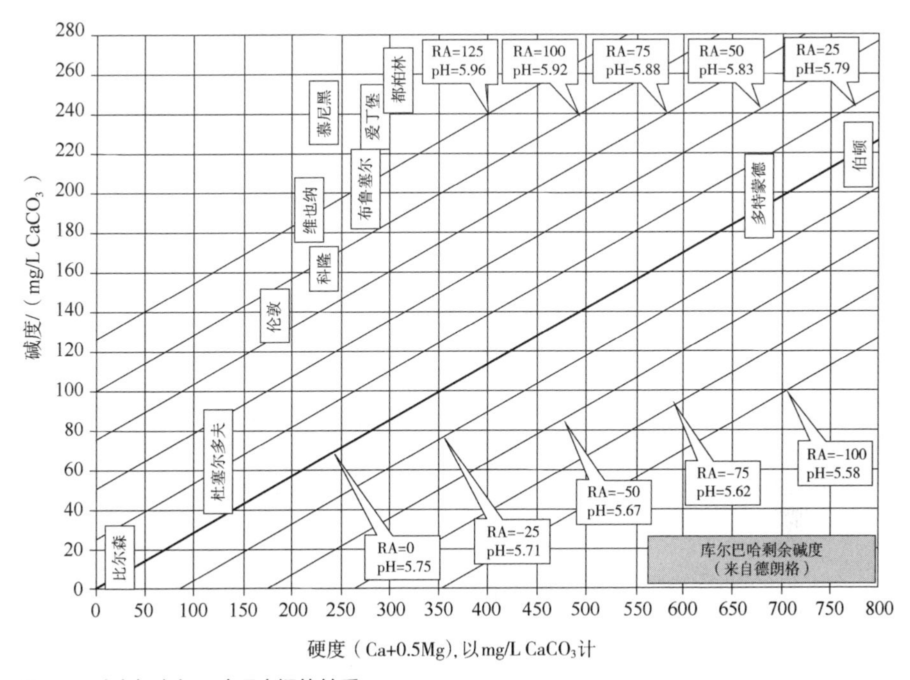

图4.4　碱度与库尔巴哈硬度间的关系

斜线显示剩余碱度的常数值，标签显示不同酿酒城市水资源状况。原稿由A. J.德朗格和布兰加德修改。

4.4　剩余碱度的精算

最近，特勒斯特的工作进一步证实了库尔巴哈的工作，但也指出了德朗格和帕尔默并没有考虑到的一些因素，特别是糖化醪黏度和麦芽粉碎度。在对库尔巴哈的文章进一步研究后发现，他的实验是用经糖化和洗糟后12°P的麦汁进行的。库尔巴哈所确定的用蒸馏水配制的糖化醪pH偏移与1mEq碱度间的关系约为11.9mEq/（pH・L）或595mg/L $CaCO_3$/（pH・L）RA。特勒斯特采用粉末状麦芽进行的一系列糖化实验显示，糖化醪的斜率或缓冲能力随着谷物比例的不同而变化。试验采用了三个水平的碱度（0，2.7，5.3mEq/L），使用维耶曼比尔森麦芽（1.6~1.8° L规格）和法国比利时麦芽公司浅色慕尼黑麦芽（6~8° L

规格），谷物比率为2~5L/kg。不同谷物比率下糖化醪的缓冲能力计算见表4.1。特勒斯特的工作显示，库尔巴哈系数应与糖化醪中谷物比率约为5 L/kg时相当，并与出糟麦汁为12°P，初始谷物比率为4L/kg相一致。帕尔默在《如何酿酒》一书中的糖化醪pH/剩余碱度列线图使用了库尔巴哈的值，这与德朗格的做法相同（如图4.4所示）。

表 4.1　　pH 随谷物比率不同的变化

谷物比率 /（L/kg）	比尔森基础麦芽糖化醪的缓冲能力 / [mEq RA/(pH · L)]	慕尼黑基础麦芽糖化醪的缓冲能力 / [mEq RA/(pH · L)]
2	23.8	28.6
3	17.2	20.4
4	15.2	15.2
5	12.5	13.0

注：依据特勒斯特的数据，基础麦芽糖化醪缓冲容量的变化与谷物比率间的关系。该试验采用粉末状麦芽，糖化时间为 10 min。

谷物的粉碎程度也被特勒斯特确定为一个重要因素。先前的数据就是基于粉末状麦芽而获得的。他重复了该实验并采用了三种不同碱度的水（0，2.9，5.7mEq/L），多辊磨机粉碎后不同粒度的麦芽，粉末状、0.5mm、0.8mm和1.2mm粒径。其中0.8mm粒径采用的二辊轧机的设置条件与美国酿造化学家协会（ASBC）的粗磨条件相似。尽管并没有限定二辊的间距，但却要求75%的麦芽样品保留在30号筛上（筛孔径为0.0589cm）。数据显示，随着间隙尺寸增大，糖化醪的缓冲能力下降，且下降程度与谷物比率相同。但是，据推测这种影响将会随着糖化时间的延长、谷物完全被水解、更多的磷参与反应而消失。具体数据参见表4.2。

表 4.2　　pH 随磨机辊间距不同的变化

磨机辊间距 / mm	比尔森基础麦芽糖化醪的缓冲能力 / [mEq RA/(pH · L)]	慕尼黑基础麦芽糖化醪的缓冲能力 / [mEq RA/(pH · L)]
粉状（可重复）	15.8	17.8
0.5	13.4	14.8
0.8	12.2	14.8
1.2	10.6	12.0

注：* 最接近 ASBC 粗磨标准。基础麦芽糖化醪缓冲能力的改变与研磨度间的变化关系。谷物比率为 4 L/kg，糖化时间为 10 min。以上数据来自特勒斯特。

综上所述，本章的要点有以下几点。

（1）糖化醪pH是影响麦汁pH与啤酒风味品质的最重要因素。

（2）在钙、镁和麦芽磷酸盐反应生成钙羟基磷灰石和氢氧化镁过程中释放氢离子，可使糖化醪pH降低至有利于糖化酶更好地发挥作用的水平。

（3）剩余碱度的概念是一个非常好的工具，可用于估算水的碱度对基础麦芽糖化醪pH的影响，并预测钙盐和酸的添加效果。

（4）需要对剩余碱度进一步说明的是，用来改变剩余碱度而需要改变糖化醪pH的量，随着糖化醪中谷物比例及麦芽粉碎的粒径不同而在10~30mEq/（pH·L）变化，并随着糖化醪中水的含量增加而降低。在现代较典型谷物比率为3L/kg的条件下，粗磨麦芽约为15mEq/（pH·L），该值与库尔巴哈值[即12mEq/（pH·L）]相差不大。

在下一章中，我们将探讨不同品种的麦芽自然酸度如何缓冲和改变糖化醪的pH。在此之前，我们想强调的是，这些章节的目的并不是确切地计算糖化醪的pH，也不是精确计算盐或酸的添加量。这本书不包含解决糖化醪化学这一复杂问题的全部答案，仅包含很少一部分内容。这两章的目的是让你更好地了解糖化醪pH是如何工作的以及调节pH的主要途径，以使你获得更一致的糖化醪，从而使你的啤酒获得更好的一致性。

参考文献

[1] Taylor, D.G., The Importance of pH Control during Brewing, *MBAA Tech. Quart*. 27:131－136, 1990.

[2] DeClerk, J., *A Textbook of Brewing*, *Vol. 1*, Siebel Institute, Chicago, 1994.

[3] Kunze, W., *Technology Brewing and Malting*, Intl Ed., BLB Berlin, 1999.

[4] Bamforth, C., pH in Brewing: An Overview, *MBAA Tech. Quart*.38(1): 2－9, 2001.

[5] Stenholm, K., Home, S., A New Approach to Limit Dextrinase andits Role in Mashing, J. Inst. Brew. 105:205－210, 1999.

[6] Kolbach, P., *Der Einfluss Des Brauwassers auf das pH von Würze und Bier*, Monatsschrift fur Brauerei, Berlin, 1953. Translated by A. J. deLange.

[7] deLange, A. J., Alkalinity, Hardness, Residual Alkalinity and MaltPhosphate: Factors in the Establishment of Mash pH, *Cerevesia*29(4)2004.

[8] Palmer, J., *How To Brew*, *3rd Ed.*, Brewers Publications, Boulder, 2006.

[9] Troester, K., The Effect of Brewing Water and Grist Composition on the pH of the Mash, Braukaiser.com, 2009.

5

第 5 章

剩余碱度、麦芽酸度和糖化醪 pH

糖化醪是由水化学和麦芽化学共同形成的、适于糖化和产酒的缓冲液环境。详细解释产生此种环境的麦芽化学超出了本书的范畴。然而，我们需要阐述麦芽生产过程中的一些化学反应的基本知识，以便了解它们是如何影响我们选择酿造用水的。

正如前一章所讨论的，剩余碱度可让我们了解水的硬度和碱度在制作糖化醪中如何相互作用，如何为糖化醪的最终pH奠定基础。剩余碱度有助于量化羟基磷灰石沉淀和氢离子释放对糖化醪pH的影响。

但是，引起糖化醪pH变化的原因不仅来源于剩余碱度的变化，也可能直接来自麦芽酸度。特种麦芽汁含有的弱酸性缓冲剂可以中和碱度从而降低糖化醪的pH。这些缓冲剂被认为是干燥和焙焦过程中美拉德反应产生的类黑素和有机酸。类黑素是由氨基酸和糖反应形成的，与烤制和焙烤食品的风味以及食物褐变有关的一类物质。

库尔巴哈、特勒斯特和比斯发现，使用1~2.5mEq/L的酸可将糖化醪或麦汁的pH改变0.1，但酸的具体数量取决于水/谷物比和其他因素。然而，新近的一些发现与这些数据不一致。尽管使用取自同一批次麦芽的不同样品的实验显示出较小的变异性，但是使用同一麦芽制造商不同批次麦芽的重复试验间的误差却超出了预期。实验也表明，来自不同麦芽制造商的同一类型的麦芽（基础麦芽、焦糖麦芽、巧克力麦芽等）也可以有显著不同的结果。以下部分将说明麦芽酸度差异的原因，以及为什么难以预测麦芽酸度。

5.1 麦芽及其颜色

在将话题转到麦芽化学前，我们应明确，通常使用的麦芽有4种类型：基础麦芽、高焙焦麦芽、焦糖麦芽、焙烤麦芽。根据大麦品种、生长条件、改良程度以及稻壳中乳酸菌群等的不同，基础麦芽的糖化醪pH在5.6~6。由于产地的环境以及特定的干燥方案不同，麦芽间细菌的数量和活性差异很大。因此，即使来自同一个供货商的特定品牌，不同批次的基础麦芽制备的糖化醪的pH都略微不同。

基础麦芽如比尔森啤酒麦芽、拉格啤酒麦芽和淡色爱尔啤酒麦芽都是在15~17℃发芽，并在冷气流中干燥至水分含量约为8%，然后将其置于50~70℃低温烘干，最后在70~85℃下固化。淡色爱尔麦芽通常在60~90℃烘干，在105℃高温下固化并形成更深的色度（3~5°SRM）和更丰富的风味。这种风味隐约带着淡淡的、烤面包的、谷物的温暖味道。请注意，温度的选择取觉于供货商在特定条件下的判断，具体到某一种麦芽并没有标准化的烘焙程序。

高焙焦麦芽是在干燥过程中将基础麦芽一直烘到更深的颜色，如爱尔麦芽、维也纳麦芽、慕尼黑麦芽和芳香麦芽。高焙焦麦芽（水分含量为3%~10%）在较低的温度（50~70℃）下加热干燥，以保留其糖化酶活力。芳香麦芽和慕尼黑麦芽与基础麦芽不同，其在更高的温度（90~105℃）下烘干以产生丰富的麦芽香味和面包风味。此过程仅发生美拉德反应。而焦糖化反应的发生则需要更高的温度。这些混合麦芽的糖化醪pH比基础麦芽下降约20%，然而更高的加工温度却降低或者清除了产酸菌群。

焦糖麦芽是用绿麦芽直接烤制而成的，即麦芽在发芽后不经过低温干燥步骤。这些麦芽被直接放入烤箱中，在糖化温度的范围内（65~70℃）烘干，直到壳中淀粉发生转化。随后，根据想要的色度，再把这些麦芽在更高的温度（105~160℃）下焙烤。在此温度下会同时发生焦糖化反应和美拉德反应。麦芽所能达到的最深颜色大约是150°SRM或300 EBC。

焙烤麦芽包括琥珀麦芽、棕色麦芽、巧克力麦芽和黑麦芽。这些麦芽起初像焦糖麦芽一样为绿色，在焙烤前将其烘干至较低的含水率（5%~15%）。琥珀麦芽是由已完全烘干的淡色爱尔麦芽在温度高达170℃下焙烤而成。高温赋予了麦芽特有的烤面包味、饼干味和果仁味。棕色麦芽比琥珀麦芽焙烤时间要长，但温度略低。它具有一种非常干的、黑色烤面包的风味，其颜色与焦糖麦芽相同。

巧克力麦芽在焙烤前所含水分比棕色麦芽多，但比焦糖麦芽少。焙烤大约从75℃开始并稳步提高到215℃以上。在此过程中，巧克力风味便逐渐产生。该风味的形成尽管在一定程度上与焦糖化反应和高温裂解反应（可控性炭化）有关，但主要还是来自美拉德反应。

黑麦芽是在比220~225℃略高的温度下焙烤而成，以产生类似咖啡的香味。烤大麦也是以类似的方式生产的，不同之处在于它不需要发芽。此外，黑麦芽的大多数风味特质来自美拉德反应和高温裂解反应。

麦芽的颜色

历史上，人们使用罗维朋色度（°L）来衡量啤酒和麦芽的颜色。J. W. 罗维朋是来自英国格林尼治的一位酿酒师的儿子。1883 年，他创造了色调计。这种色调计由各种不同色调的玻璃片组成，并可以组合起来产生一系列的颜色。罗维朋通过测定一系列由麦芽制成的糖化醪来断定麦芽的颜色，并将这一系统应用到麦汁颜色的测定中。该系统后来被修改为罗维朋 52 系列色标。该色标由具有不同罗维朋色度级别的玻片或溶液组成。但是，这个系统存在褪色、标识错误和人为误差而导致的不一致等问题。

1950 年，美国酿造化学家协会（ASBC）采用光学分光光度计测定标准样品在特定波长（430nm）下光的吸收率。深色麦汁或啤酒会吸收更多的光，表现的吸光值更高。反之，亦然。采用该方法对样品进行测量具有良好的一致性，因而测定颜色的标准参照方法（°SRM）就此诞生了。

起初建立 SRM 方法是为了估算罗维朋 52 系列色标的色度范围。但人们认为两种方法在大部分范围内几乎是相同的。现在，罗维朋 52 系列色标仍在以更精密的、可视化的比色计和光度计的形式使用。虽然两种方法的基础（430nm 吸光度）是相同的，但是罗维朋比色计在测量深色麦芽和烤制麦芽的等级时更加流行，因此麦汁的颜色通常以° L 为单位，而啤酒的颜色通常是° SRM 为计量单位。

在 1990 之前，欧洲酿造协会（EBC）使用与° SRM 不同的波长测量吸光度，并取一个近似值对两种方法的结果进行换算。现在，EBC 标度使用了与° SRM 相同的测量波长。啤酒颜色评级的转换系数 EBC= 1.97 × ° SRM，或大约两倍于° SRM 评级。

5.2 麦芽的酸度

由单一的基础麦芽制成的糖化醪的pH下降的主要机制（例如从pH 8~5.8）似乎只是由于磷酸钙反应引起的。即使有美拉德反应发生，其对酸度的影响也是很小的。然而，类黑素和有机酸似乎是影响含有高比例特种麦芽的糖化醪pH的显著性因素。

实验证明，能通过美拉德反应产生酸度的特种麦芽只有两种：高焙焦麦芽和焙烤麦芽。两种类型麦芽的差异发生在焙烤过程中当美拉德产物的颜色从红色变为棕色之时。这种转变出现在165~180℃，此温度为高焙焦麦芽和焦糖麦芽的最高加工温度和焙烤麦芽的最低温度。

当不同的特种麦芽制成相同的SRM值或EBC色度值的麦汁时，这种转变在视觉上差异就非常明显了。图5.1由布瑞斯麦芽公司编写并在圣地亚哥的2008年酿酒工艺会议上提出。图片显示从左到右色调发生显著变化，即由黄/红至棕色，代表着依次从慕尼黑麦芽、焦糖麦芽、巧克力麦芽到黑麦芽的转变。

科恩等人的工作支持了这一转变过程。他们认为，美拉德反应产物的分子质量（Mw）是随着提供热量的变化而变化的。具体而言，首先形成低分子质量（<7ku）的黄色色素，其次形成红色色素（<7ku）。在焙烤麦芽的过程中这些显色物质高温下明显被消耗或者转变成较高分子质量的化合物（> 100ku）。

表 5.1　　乙酸含量与麦汁颜色的关系

麦芽类型	麦汁颜色 /（EBC）	乙酸 /（mg/L）
比尔森麦芽	5	25
焦糖麦芽	19	56
焦糖麦芽	25	63
有色麦芽（高焙焦）	37	69
焦糖麦芽	79	66
焦糖麦芽	110	165
焦糖麦芽	240	75
焙烤麦芽	610	36

来源 :Coghe *et al*, Impact of Dark Specialty Malts on Extract Composition and Wort Fermentation, J. Inst. Brew. 111(1):51 - 60, 2005.

表 5.2　　麦芽类型和混合糖化醪 pH 的关系

麦芽名	麦芽类型	麦汁颜色 /SRM（由 EBC 换算）	混合麦汁的成分（与基础麦芽混合）	混合糖化醪 pH
比尔森麦芽 [1]	基础麦芽	2	100%	5.96
类黑素麦芽 [1]	高焙焦麦芽	28	50%	5.50
焦糖高香麦芽 [1]	焦糖麦芽	228	50%	5.08
卡拉发麦芽 [1]	焙烤麦芽	558	50%	5.18
比尔森麦芽 [2]	基础麦芽	4.5	100%	5.79
类黑素麦芽 [2]	高焙焦麦芽	31	50%	5.32
焦糖高香麦芽 [2]	焦糖麦芽	198	50%	4.93
卡拉发麦芽 [2]	焙烤麦芽	450	50%	5.10

来源 :1. Coghe *et al*, Fractionation of Colored Maillard Reaction Products from Dark Specialty Malts, J. Am. Soc. Brew. Chem. 62(2):79 - 86, 2004.

2. Coghe, *et al*, Impact of Dark Specialty Malts on Extract Composition and Wort Fermentation, J. Inst. Brew. 111(1):51 - 60, 2005.

图5.1　每一列麦汁由单一麦芽制备

上图从左到右：慕尼黑10麦芽、焦糖20麦芽、焦糖60麦芽、焦糖120麦芽、巧克力麦芽和黑麦芽。柱降顺序从上至下，SRM值分别为30，20，10，2。注意随着麦芽烘干和焙烤程度的变化，从左到右麦芽汁的色调和密度也发生变化（由布瑞斯麦芽公司许可使用）。

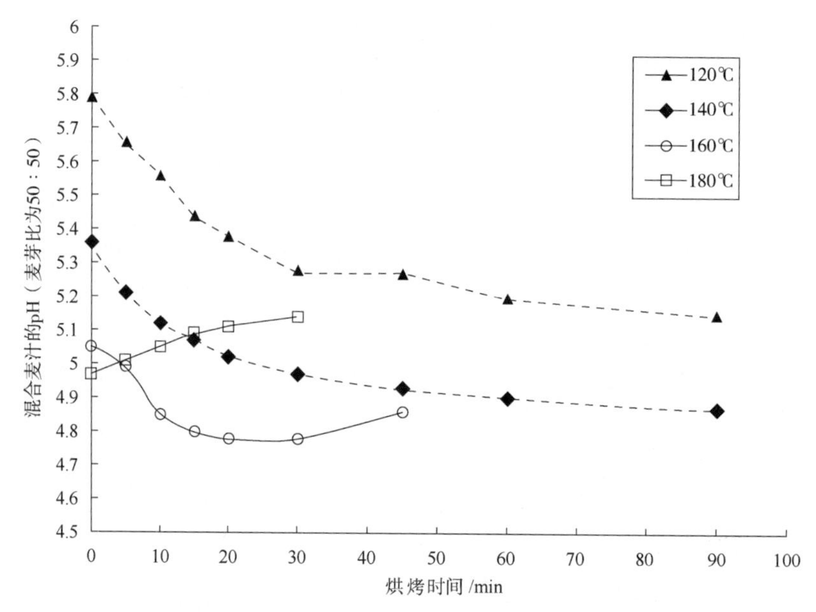

图5.2　麦汁pH与焙烤时间和温度的关系

此图显示在特定温度下混合麦汁pH值随焙烤时间下降。麦芽样品都具有相同数量的基础麦芽，其混合糖化醪pH为5.98。麦芽样品以恒定的速率从糖化温度加热到试验温度。当麦芽样品达到指定的焙烤温度时，曲线开始记录

（t=0）。在指定的时间间隔内抽取麦芽样品，并测定糖化醪的pH（50%基础麦芽/50%样品）。值得注意的是，糖化醪pH随着时间和焙烤时间的增加而降低，直到160℃ 30min后，pH才逐渐上升。同样地，在180℃焙烤的数据显示：t=0时糖化醪的pH为4.97，高于160℃的测量值（4.86）。这个结果符合在165~180℃范围内随着焙烤温度的升高而酸度降低这一趋势。

此外，2004年科恩等的工作表明，美拉德反应形成乙酸，且各种麦芽的产酸量和反应产物的分子量有相同的趋势。换句话说，酸度随着焙烤时间和焦糖麦芽的色度而增加，但焙烤麦芽的酸度反而减少。如表5.1所示。目前还不知道这种酸度下降是否是由于在更高温度下进一步的美拉德反应使产物蒸发或结合而引起的。

关键在于美拉德反应产物的物理和化学变化是从烘干转变为焙烤过程中温度变化的结果。有趣的是，这种转变也表现在麦汁的pH上。表5.2中，随着麦芽颜色从198~228°SRM上升到450~558°SRM，pH也在上升。特勒斯特和比斯等其他的研究者也观察到了这种变化。

5.3 关于麦芽酸碱度的探讨

用蒸馏水制备的糖化醪的pH通常会稳定在或接近该类型麦芽的典型pH。这就是所谓的去离子水pH（DI pH）。基础麦芽的DI pH一般是在5.6~6。然而，由于大麦种类不同和制麦过程中众多因素的影响，其pH可能会更低。色度最低的基础麦芽（即1~3°SRM，2~6EBC）的DI pH主要由磷酸钙反应决定。色泽较深的麦芽，如淡色爱尔麦芽、维也纳麦芽和慕尼黑麦芽，由于含有少量的类黑素酸度（类黑素的酸度将在本节稍后讨论），通常具有较低的DI pH（即5.5~5.6）。基础麦芽的DI pH比糖化醪的目标pH高，通常被认为是碱性的。

请记住，碱度的定义为将物质的pH滴定到较低的终点pH所需的酸量。在碳酸盐体系中，“总”碱度是将碳酸盐和碳酸氢盐物质的99%反应成碳酸所需酸的量，并且终点pH为4.3（尽管现在ISO标准是4.5）。对于糖化醪而言，pH的终点就是糖化醪的目标pH（例如pH 5.4）。因此，如果基础麦芽的DI pH为5.7，则认为与目标pH（即5.4）相比为碱性。

通常采用滴定法来测量麦芽的碱度，即加入已知数量的酸或碱使糖化醪pH达到设定的终点。当加入酸或碱时，溶液的pH将随着酸或碱的添加量而变化。如果将pH变化作为酸或碱添加量的函数，则曲线斜率为物质的缓冲能力。

因此，一种物质的酸度或碱度等于总pH的变化乘以缓冲能力。

酸度/碱度=（终点pH－麦芽DI pH）×（缓冲能力）

麦芽的酸碱度单位是mEq/kg。缓冲能力的单位是mEq/（pH·kg）。当你将缓冲能力乘以pH的变化量时，pH单位就会抵消，剩下的是mEq/kg。这是非常重要的：一种物质的酸度或碱度是由pH的变化乘以该物质的缓冲能力或抵抗pH变化的能力所决定的。如果不知道或者不说明pH的区间，就无法界定物质的相对酸碱性。这就像你想要试着比较家里和办公室之间的各种交通方式而不知道它们之间的距离一样。如果你只知道速度的限制，那么你真的不知道每条路线需要多长时间。

水或麦汁的缓冲能力可以用类似于麦芽的方式进行量化，唯一的区别是此时使用L作为单位而不是kg。你只要知道溶液的密度，就可以在溶液的L和kg之间换算。

体积×密度=质量

另一方面，特种麦芽的DI pH小于基础麦芽的DI pH，通常也小于糖化醪的目标pH。特种麦芽糖化醪的DI pH取决于具体的麦芽类型，通常在4~5.5。一般来说，特种麦芽糖化醪的DI pH随着麦芽颜色的增加而降低。由于它们的实际DI pH通常低于糖化醪目标pH，与基础麦芽相比它们通常是酸性的。如果你有两种麦芽，DI pH为5.7的基础麦芽和DI pH为5.1的特种麦芽，将等量的两种麦芽用蒸馏水制作糖化醪；在逻辑上，你可以预料特种麦芽的酸度将会平衡基础麦芽的碱度。假设上述两种麦芽汁的缓冲能力是相等的，那么你可以预测混合糖化醪的pH会稳定在一个中间值，即5.4。

这就是通常判定糖化醪pH的方法，尽管你也必须考虑到不同类型的麦芽汁以及水的缓冲能力所起到的作用。这让我们回想起之前用交通工具所做的类比。不同麦芽的缓冲能力是不相等的，且不是恒定的。调节一种麦芽的pH使其位于某一范围内通常比调节多个麦芽更容易（或者更快捷）。因此，在我们这个例子中，两种麦芽的混合pH可能不会是5.4。事实上，特种麦芽的缓冲能力往往高于基础麦芽。因此，糖化醪pH更有可能会稳定在5.3或5.2。

特种麦芽的酸度应归因于在烘干和焙烤过程中美拉德反应的产物（即类黑

素、乙酸等产物）。麦芽酸化后或者“更酸”的麦芽其pH通常在3~4，这是由于在其干燥之前加入了乳酸或者酸性麦汁的缘故。

到目前为止，有两个独立的研究已经率先鉴定出了不同类型的糖化醪的DI pH。第一个研究是由特勒斯特完成的，而第二个是由比斯及其同事等完成的。这两项研究试图定义不同的麦芽类型的糖化醪DI pH、麦芽的缓冲能力以及麦芽颜色和这些属性之间的联系。然而，这两项研究所用的糖化工艺不同。特勒斯特按水和麦芽4：1的比率一次性加水。而比斯使用标准的ASBC混合糖化工艺。方法的不同也许可以解释他们研究结果上的一些差异。

比斯的实验方法是每种麦芽取75g，用10mL 0.1mol/L氢氧化钠溶液将其滴定至终点pH 7。在滴定过程中，pH是在样品冷却到54.4~65.6℃时测定。比斯在随后的研究中，麦芽的酸度使用pH 5.7代替pH 7作为终点并进行重新计算，以便更好地与特勒斯特的数据进行比较。同时，他们在设计和分析这些实验中做了一些假设。

他们认为：

（1）麦芽的缓冲能力是线性的且恒定的。也就是说，如果从pH 5.7滴定到pH 7，计算斜率是相同的。事实上如你所见，情况并非如此。

（2）麦芽酸度比较的基础是pH 5.7。

（3）麦芽糖化醪的DI pH、缓冲能力和酸碱性的实验室数据被认为是代表所有正常糖化醪条件下的结果。其实这是一个很大的、宽泛的范围。例如，由于所有组分的渗透、溶解和释放需要一定的时间，任何特定麦芽的糖化醪DI pH会随着时间的推移而逐渐降低。维持糖化醪DI pH“稳定”需要大幅度减慢变化率。但是实际上，在持续测试的时间里，pH的变化可能不会停止。此外，麦芽酸度来源于各种酸，每一种都有一个或多个随温度而变化的酸度常数（pK）。因此，特种麦芽酸度和缓冲能力对糖化醪DI pH的影响也取决于糖化醪温度。实验必须在不同的温度（低温且β-葡聚糖和蛋白质停止水解，糖化停止）下进行多次测量，以适当地量化特种麦芽对大多数糖化醪的作用。

这些假设的一个根本问题在于麦芽的酸度或碱度取决于终点pH。在特勒斯特和比斯的研究中，所有麦芽汁都用碱滴定至pH 5.7或pH 7来量化其酸度。表5.3中列出了两个研究的一部分总结，以说明麦芽类型和麦芽样品之间的异同（直到最近，本书的作者才对滴定终点的意义有了清晰的认识）。

表 5.3　　特勒斯特和比斯等麦芽滴定数据的部分总结

麦芽	麦芽源 -T 特勒斯特 -B 比斯等	色度/°L	DI pH	缓冲能力 mEq/(pH · kg)	酸度 mEq/kg (参照 5.7pH)	碱度 / 酸度 (参照5.4pH)
二棱基础麦芽	瑞河 -T	2	5.56	—	—	—
二棱基础麦芽	布瑞斯 -B	2	5.80	40.3	16.1	16.1
慕尼黑 10 麦芽	维耶曼 -T	10	5.54	35	5.6	4.9
慕尼黑 10 麦芽	布瑞斯 -B	10	5.52	36.9	15.9	4.4
焦糖 20 麦芽	布瑞斯 -T	20	5.22	29.6	14.2	-5.3
焦糖 20 麦芽	布瑞斯 -B	20	4.81	37.6	6.7	-22.2
焦糖 40 麦芽	布瑞斯 -T	40	5.02	37.6	25.6	-14.3
焦糖 40 麦芽	布瑞斯 -B	40	4.51	46.5	41.3	-41.4
焦糖 60 麦芽	布瑞斯 -T	60	4.66	48.5	50.4	-35.9
焦糖 60 麦芽	布瑞斯 -B	60	4.67	46.3	55.0	-33.8
焦糖 120 麦芽	布瑞斯 -T	120	4.75	48.4	46.0	-31.5
焦糖 120 麦芽	布瑞斯 -B	120	4.67	59.3	61.0	-43.3
烤大麦	布瑞斯 -T	300	4.68	38.8	39.6	-27.9
烤大麦	布瑞斯 -B	300	4.42	48.5	62.0	-47.5
黑麦芽	布瑞斯 -T	500	4.62	41.5	44.8	-32.4
黑麦芽	布瑞斯 -B	500	4.40	43.4	54.6	-43.4

注：“—”为数据没有测量。
在最后一列中，正数表示麦芽在糖化醪中呈碱性，负数表示它是酸性的。

我们尝试分析这些数据引发了作者和A. J. 德朗格之间的讨论。结果是他们决定仔细滴定一个基础麦芽，并希望发现这些问题的根源。在正常滴定中，将酸或碱加入待滴定的物质中，并记录pH变化（向下加酸，向上加碱）。然后绘制和分析pH与添加酸的曲线（即把碱作为阴性酸）。假如分析人员进行几次酸添加，并构建曲线，然后将碱添加到同一溶液中，再次绘制pH变化曲线。添加的碱应消除添加的酸，因此添加碱的pH应回溯到添加酸的曲线。即加入X mEq的酸，然后再加入X mEq的碱才能产生X mmol水（酸碱中和反应），德朗格在早期的麦芽试验中开展了上述实验，但却发现滴定曲线没有回溯。

他认为这是反应时间过长所导致的（特勒斯特和比斯也曾指出这点）。即酸需要很长时间才能与麦芽充分反应，常规技术的pH测量不是平衡后的、真实的pH。这一观点与他在啤酒厂所观察到的结果一致，糖化醪pH可能需要半小时或更长的时间达到稳定。因此，他修改了滴定程序，并考虑了时间因素。常见的方法是在一个样品中连续测量，即向蒸馏水中加入谷物，测量pH，加入10mEq/kg的酸，再次测量pH，再次加入……以此类推。他却将不同浓度的酸（或碱）加入到各个独立的糖化醪中，并监测其pH随时间的变化。因此，第一次测量糖化醪DI pH（无酸添加）是在35min内连续记录。然后准备第二个相同的糖化醪，但加入10mEq/kg的酸，并记录pH在35min内的变化。每次新添加酸或碱时都重复该过程。在归纳滴定结果时，20min、25min和30min时间点的pH绘制单独的曲线。如图5.3至图5.6所示，这些曲线证实麦芽的滴定特性在一定程度上取决于滴定后的反应时间。

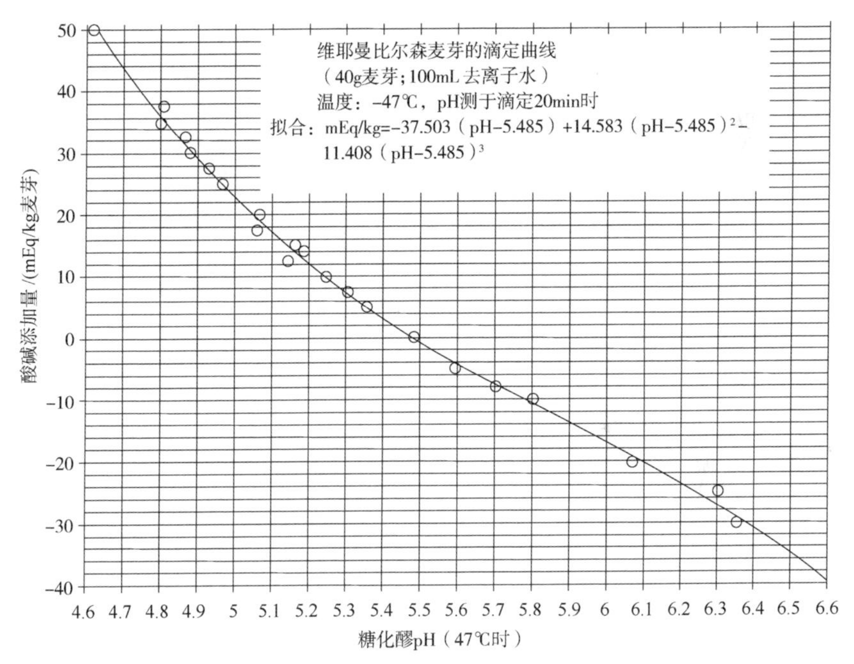

图5.3　维耶曼比尔森基础麦芽的碱度和酸度滴定曲线（来自德朗格）

以DI pH为中心，对pH数据（小圆圈）通过泰勒展开式进行曲线拟合。酸添加量为零时，德朗格测量的pH是麦芽的DI pH（5.485）。

如图5.3所示，使用泰勒展开式对数据进行曲线拟合的优点是曲线的导数很容易计算。从微积分上说，曲线上某一点的导数，就是这个点上的斜率，就像曲线的积分是曲线下面的面积一样。通过绘制导数与pH的函数曲线，我们可以看到随着滴定的进行麦芽样品缓冲能力的变化（如图5.4所示）。该实验在不同时间重复了另外两种麦芽：布瑞斯焦糖80° L麦芽和松脆麦芽公司（Crisp Malting）的巧克力600° L麦芽。实验结果很具有启发性。结果表明，时间是糖化醪pH变化的重要因素（如图5.5和图5.6所示）。

通常，在一个典型糖化醪的特定pH范围内，麦芽的酸度或碱度被认为近似线性，任何偏离线性的偏差都可以解释为离散值或次要的数据误差。但是9组数据曲线并没有出现这种线性和线性趋势。这些结果有力地说明麦芽酸度对于pH的响应是非线性的。

图5.4和图5.6中的曲线清楚地显示了在滴定过程中pH变化时麦芽缓冲能力的变化。这可能是表5.3中最后一列经重新计算的碱度和酸度数值的明显变异性的最大因素。重新计算时，假设滴定曲线的斜率（缓冲能力）在麦芽的DI pH为5.7时与5.4时相同，或者基础麦芽的DI pH以下的斜率与DI pH以上的斜率相同。但显然不是这样。当滴定终点从pH 5.7变为pH 5.4时，麦芽碱度或酸度的数量级也发生了改变。这些影响在图5.7中可以更清楚地看出来。

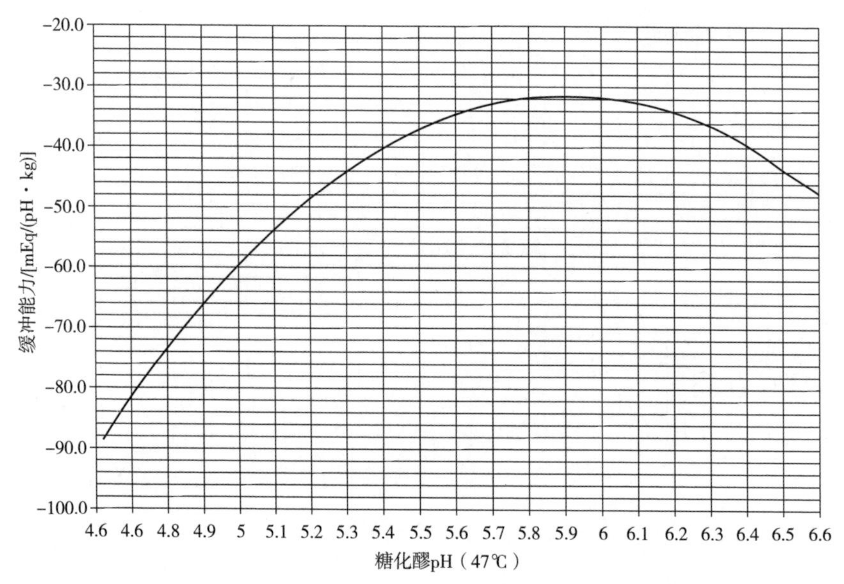

图5.4　维耶曼比尔森单一麦芽的缓冲能力与pH变化的关系（数据来自德朗格）

图5.5显示来自德朗格数据的泰勒扩展曲线拟合。总体上，每种麦芽类型随着糖化时间而变化的三条曲线（20min、25min、30min）是非线性的。有趣的是，在麦芽pH的一般范围（4.5~5.5）内，焦糖80°L麦芽的酸度曲线与巧克力600° L麦芽的曲线相当接近。

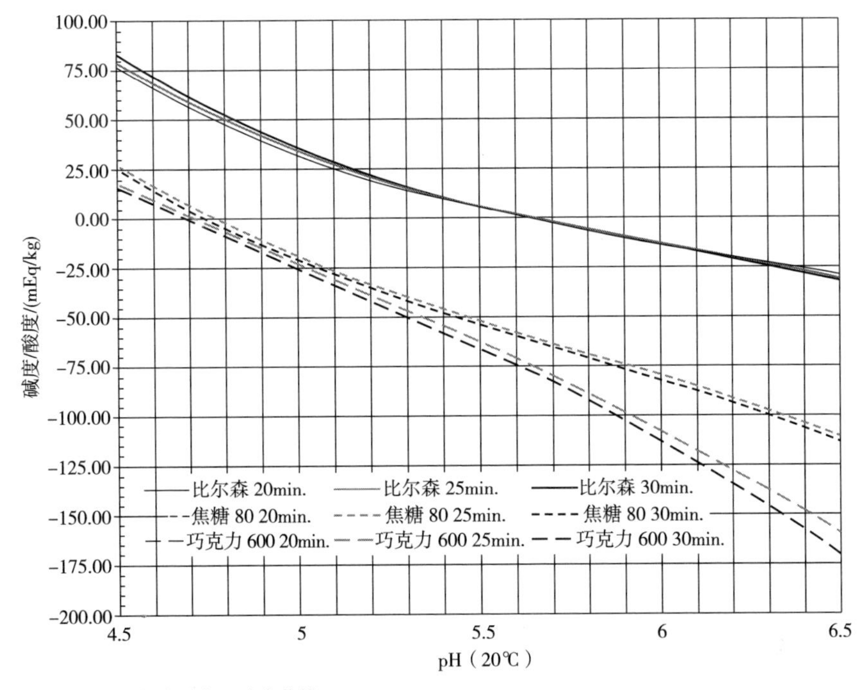

图5.5　三种麦芽的酸度和碱度曲线

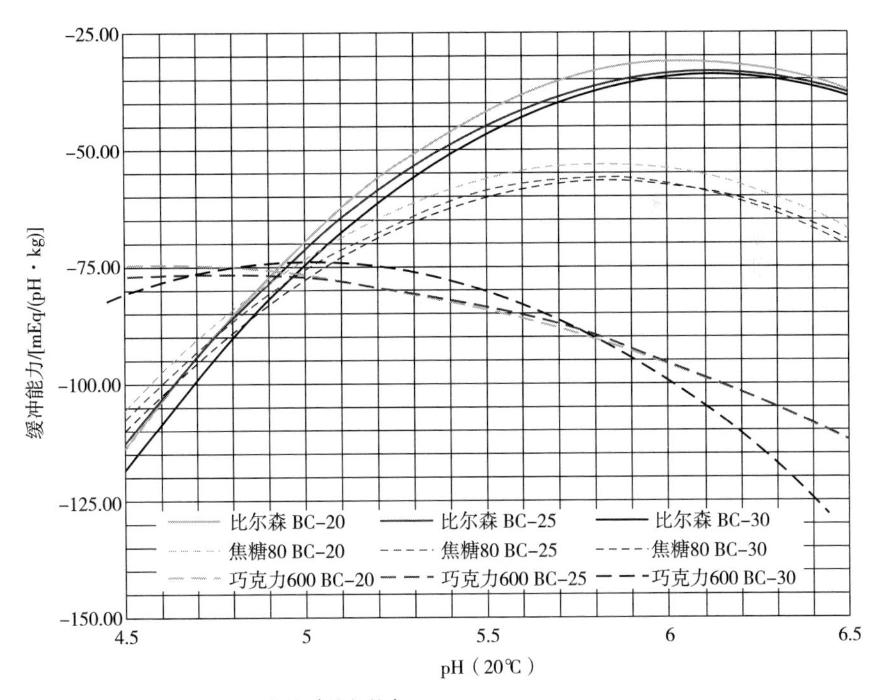

图5.6　三种麦芽的缓冲能力曲线（德朗格）

注意每种类型麦芽的缓冲能力的变化程度通常随着糖化时间（20min、25min、30min）而增加。

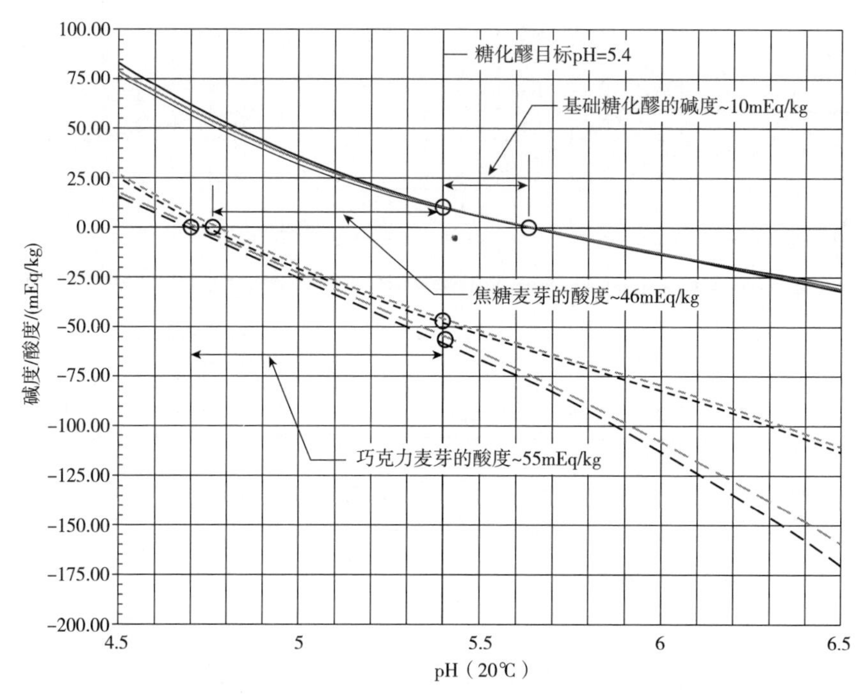

图5.7　麦芽酸度对糖化醪的贡献

麦芽的碱度或酸度对糖化醪pH的影响是从糖化醪DI pH到目标pH计算获得的。此图中显示的目标pH为5.4。目标pH可以调整为5.2，但这样会改变麦芽的贡献值。例如，基础麦芽对于pH 5.2的目标其碱度约为20mEq/kg。

此时，从所有这些数据中我们可以得出的最好结论如下。

（1）在所有研究中不同类型麦芽的酸度滴定都遵循相同的趋势。

（2）对于目标糖化醪pH范围5.2~5.6，基础麦芽通常是碱性的。

（3）对于目标糖化醪pH范围5.2~5.6，特种麦芽通常是呈酸性的。

（4）麦芽的缓冲能力根据其滴定的pH范围而变化。

（5）麦芽的碱度或酸度（mEq/kg）取决于麦芽的DI pH、pH变化的大小以及麦芽在该pH变化下的缓冲能力。

（6）对于pH的小幅度变化，缓冲能力可以近似为该范围的平均值。

（7）多个来源的麦芽滴定数据需要使用通用程序进行重复采集，以便获得更可信的变化趋势和普遍的参数类型。

关于 pH 计和自动温度补偿（ATC）的注意事项

温度在两个方面影响 pH 的测量：（1）电极的电化学反应随温度而变化；（2）溶液的化学活性（如麦汁）随温度发生变化。pH 计的电极需要使用校准溶液校准，通常校准液的 pH 为 4 和 7。这些缓冲溶液在室温 20~25℃下与其标称的 pH 最为接近。同时，pH 计的生产商依旧发布了缓冲溶液随温度的升高 pH 精确变化的图表。

现代 pH 计具有自动温度补偿（ATC）功能。该功能补偿了探头随温度的电化学响应变化。换句话说，它保持探头在远离校准温度时也能校准。然而，它并不能解释溶液由于温度变化而产生的实际 pH 变化。

麦汁的 pH 在糖化醪温度（65℃）比将其冷却到室温（20℃）下的 pH 低 0.3。这就是为什么酿酒师总是在室温下测量 pH 并被认为是标准方法的缘故。当 pH 计首先被发明并用于啤酒分析时，电子科技时代还没有到来，再没有比在室温下测量 pH 更好的选择了。

麦汁 pH 随温度的变化可以近似为：

公式：pH（室温）=pH（糖化醪）+0.0055（$T_{糖化醪}-T_{室温}$）（T 为摄氏度）

5.4 测定糖化醪中水的碱度

水的缓冲能力[mEq/（pH•L）]主要取决于碳酸盐的种类。然而，水的pH随着碳酸盐种类变化而变化，因此，水的“碱度”随着pH和滴定终点的变化而变化，就像麦芽碱度和酸度一样。

水的“$CaCO_3$总碱度”定义为将pH降至4.3所需的酸的量（以mEq/L计），其中所有的碳酸氢盐和碳酸盐都转化为碳酸，而不再是碱。库尔巴哈的“剩余碱度”的定义是，RA等于总碱度减去起作用的钙和镁的硬度除以因子3.5的差。在我们评估糖化醪中水的碱度（mEq/L）时，以上定义会出现pH不会滴定到4.3（例如只会到5.4）的问题。我们的糖化醪pH可能是5.2、5.5或者其他值；问题的关键是这个值不是4.3。但你会看到，糖化醪的目标pH为5.4时的计算是很方便的。

通常，水的碱度可以定义为每升碳酸盐物质的总毫摩尔数（c_T）乘以不同pH下的电荷（mEq/mmol）。换句话说：

水碱度（mEq/L）= c_T（mmol / L）•特定pH下的电荷（mEq/mmol）。

注意："电荷"是表示每摩尔物质的当量数（或mEq/mmol）的另一种方式。

为了确定水在糖化醪中的实际碱度值，我们将需要从相关报道中了解水的$CaCO_3$总碱度和pH。我们还需要选择一个糖化醪的目标pH，例如5.4。如图5.7所示，水碱度计算与基础麦芽碱度计算相似，不同的是我们使用的是初始的水。尽管麦芽pH与糖化醪DI pH不尽相同，但两者都是相对于目标糖化醪pH计算而来的。为了清楚起见，我们从德语"Ziel（目标）"这个词中引入了"Z"这个术语。"Z"值表示对于目标pH而言的物质的碱度。通常，目标pH可以通过Z的下标来表示，例如$Z_{5.4}$。

注意：Z命名法也适用于麦芽碱度和酸度，其表示滴定至目标糖化醪pH，而不是任意pH时碱度或酸度的变化值。

计算Z碱度的第一步是计算水中碳酸盐物质的总量（c_T）。

数学并不难，用一个例子来解释就更容易了。假设我们有一种酿造用水，它的成分如下：

70mg/L Ca

15mg/L Mg

125 mg/L $CaCO_3$总碱度

30mg/L Na

60mg/L Cl

85mg/L SO_4^{2-}

7.5pH

注意：这些参数应从相同的水样测量获得。如果使用年度平均值将会在计算中引入误差。

（1）第一步是确定水中碳酸盐的摩尔数（实际上是毫摩尔）。碱度等于碳酸盐物质的总毫摩尔乘以水的初始pH和滴定终点之间的电荷变化（假定为4.3）。参见图5.8每毫摩尔碳酸盐的电荷（mEq）。

在本例中使用水的数据：pH 7.5时的电荷约为–0.93，pH 4.3时电荷为–0.01（即使滴定终点为4.4或4.5，电荷值仍为–0.01左右）。减法运算：–0.01 –（–0.93）=+0.92（碱度对我们的目的是有利的。）

这个减法运算的结果就是$\triangle c$。为了清楚起见，我们将pH 4.3的$\triangle c$值作为$\triangle c_0$。根据定义，$CaCO_3$总碱度等于酸的毫当量乘以50，因此，将总碱度除以50，得到酸的mEq/L量。

125/50＝2.5mEq/L

总碱度=$c_T \times \triangle c_0$，所以c_T=总碱度/$\triangle c_0$

c_T=2.5/0.92=2.72mmol/L

（一个小数值但相对于2.5有显著的变化）

（2）第二步是用c_T乘以初始水pH移动到目标糖化醪pH时电荷的变化，$\triangle c_z$。这将用于测定糖化醪里水的Z碱度。下面的例子使用的是$Z_{5.4}$：

从水的pH到糖化醪pH的$\triangle c_z$为：

–0.1 –（–0.93）=+0.83mEq/mmol。

因此，麦芽汁中水的$Z_{5.4}$碱度为2.72 × 0.83=2.26mEq/L。

另外，与总碱度$CaCO_3$（2.5mEq/L）相比，这里的碱度是一个小的但显著的变化。从水到糖化醪的整个$Z_{5.4}$碱度是由2.26mEq/L乘以每升糖化醪中水的体积得到。

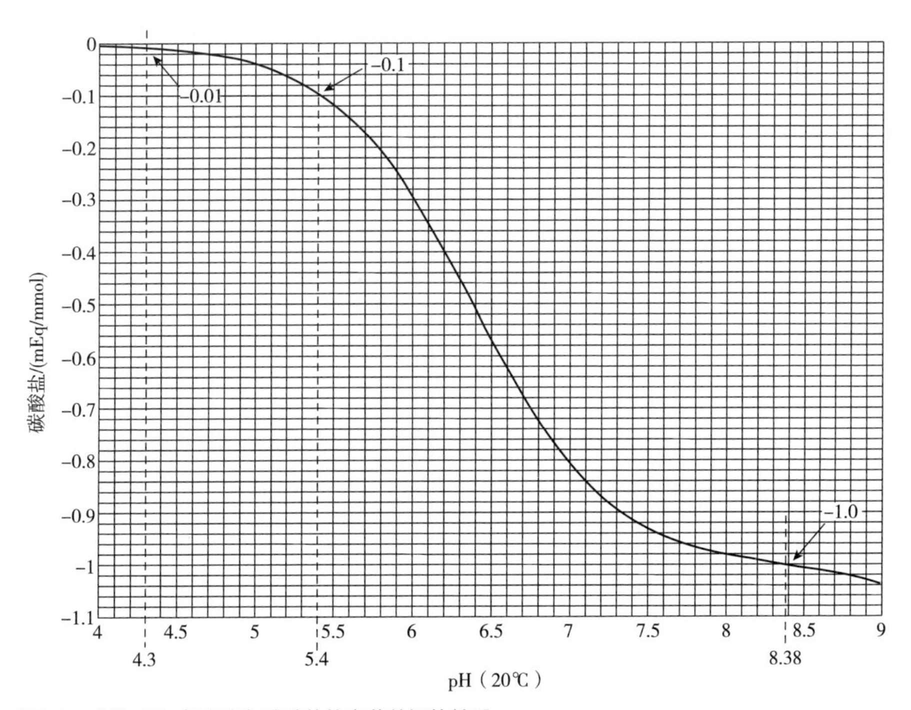

图5.8 水的pH与每毫摩尔碳酸盐的电荷数间的关系

使用本图时，需要将pH所对应的电荷量相减。例如，水从pH 7到pH 6的电荷的净贡献（mEq/mmol）约为–0.3 –(–0.8)=+0.5mEq/mmol（“正值”是因为它代表碱性）。Z碱度等于电荷净变化（$\triangle c_z$）乘以总碳酸盐的毫摩尔数（c_T）。

5.5 Z剩余碱度（Z RA）

本质上，库尔巴哈剩余碱度需要使用我们上一节中计算的Z碱度方法来重新计算。剩余碱度的库尔巴哈方程的形式仍然适用，但要用新的Z碱度值代替。正如你将在下一部分看到的一样，钙和镁的影响也同样存在，但将所有术语均以mEq/L计量而不仅仅表示为“$CaCO_3$碱度”是有意义的。

Z剩余碱度的方程式是：

$$Z\ RA = Z碱度 - (Ca/3.5 + Mg/7)$$

在我们当前所举实例中，水的成分为：钙离子浓度为70mg/L，镁离子浓度为15mg/L。这些浓度通过它们的质量当量分别转换为3.5mEq/L Ca和1.24mEq/L Mg。将这些应用于给出的方程式：

$$Z_{5.4}\ RA = 2.26mEq/L - (3.5/3.5 + 1.24/7) = 1.08mEq/L$$

即，目标糖化醪pH为5.4的Z剩余碱度为1.08mEq/L。

5.6 预测糖化醪 pH 的假说

预测糖化醪pH的基础是保证质子或总电荷是守恒的。换句话说，糖化醪的pH将稳定在总正电荷与总负电荷平衡的地方。由于酸是质子供体，碱是质子受体，因此糖化醪中的pH将稳定在糖化醪中碱度和酸度的总量相等的位置。确定特定糖化醪pH的过程可能有些冗长，但并不复杂。这仅是一个简单的试验过程：选择终点pH，确定每个组分相应的△pH，从每个组分的缓冲能力计算每个组分的碱度或酸度，并以mEq/L的形式正负相加，并试着达到零和。

也可以从另一个方向进行预测。不同于找到满足总电荷为零的糖化醪pH，你可以先确定糖化醪的目标pH，并通过加入强酸或碱来提供任何必需量的电荷使糖化醪pH总和为零。

如下是预估糖化醪pH需要的条件。

麦芽的Z碱度和酸度组成如下。

（1）糖化醪目标pH（Z pH）；

（2）每个麦芽的DI pH；

（3）每个麦芽的pH变化范围和缓冲能力，可由图5.7显示的碱度/酸度随pH的变化曲线推导出；

（4）麦芽的质量（以kg为单位）。

酿造水的Z剩余碱度组成如下。

（1）糖化醪目标pH（Z pH）；

（2）初始水pH；

（3）水的Z碱度；

（4）钙和镁浓度（mEq/L）；

（5）糖化醪中酿造水的体积。

从麦芽和水预测糖化醪pH的基本方法是将各种碱度和酸度加和为零，如同在确定水的成分谱时将各成分的量相加一样。如前所述，碱度被认为是阳性的或者阴性的酸。如果酿酒师愿意，Z剩余碱度也可以分解成Z碱度和钙、镁组分的和。

（1）从基础麦芽的糖化醪pH开始。

（2）确定您的目标pH，并确定基础麦芽对碱度的贡献（如图5.7所示）。

（3）将麦芽的质量（以kg为单位）乘以麦芽的碱度值。这是您要获得的麦芽总碱度。

（4）计算酿造用水的c_T和Z碱度。以mEq/L计算Z RA，将Z RA乘以水的总体积（L），此值再加上基础麦芽的碱度。请注意，Z RA可能为负值。

（5）确定配方中每种特种麦芽（质量×mEq/kg）对酸度的贡献（如图5.7所示）。注意维也纳麦芽和慕尼黑麦芽相对目标pH可能是碱性的。

（6）确定碱度与酸度毫当量之和。总和将为正或负。正值意味着pH会比目标值高一些，反之亦然。此时，你有两个选择：（1）你可以通过强酸或强碱补充所需的mEq，从而达到目标pH；（2）你可以尝试不同的目标pH（更高或更低，视情况而定），并再次通过该方法尝试确定零和pH。

总而言之，在实践操作中，建议先进行小量的“测试糖化醪”组合试验，测量其pH，并在此基础上设计调节策略。这样做对于许多人来说可能使设计过程毫无乐趣可言，但是结果却是毫无争议的。

参考文献

[1] Bamforth, C. pH in Brewing: An Overview.*MBAA Tech Quart*., 38(1), 1–9, 2001.

[2] Troester, K. The Effect of Brewing Water and Grist Composition on the pH of the Mash. www.braukaiser.com, 2009.

[3] Coghe, S., et al. Characterization of Dark Specialty Malts: NewInsights in Color Evaluation and Pro– and Antioxidative Activity. *J. Am. Soc. Brew. Chem*. 61(3):125–132, 2003.

[4] Coghe,S., et al. Fractionation of Colored Maillard ReactionProducts from Dark Specialty Malts. *J. Am. Soc. Brew*. Chem. 62(2):79–86, 2004.

[5] Coghe, S., et al. Sensory and Instrumental Flavour Analysis of Wort Brewed with Dark Specialty Malts. *J. Inst. Brew*. 110(2):94–103, 2004.

[6] Coghe, S., et al. Impact of Dark Specialty Malts on ExtractComposition and WortFermentation. *J. Inst. Brew*. 111(1):51–60, 2005.

[7] Coghe, S., et al. Development of Maillard Reaction Related Characteristics During Malt Roasting. *J. Inst. Brew*. 112(2):148–156, 2006.

[8] Vandecan, S., et al. Formation of Flavor, Color, and Reducing Power During the Production Process of Dark Specialty Malts. *J. Am. Soc. Brew. Chem*. 69(3):150 – 157, 2011.

[9] Bies, D., Hansen, R., Palmer, J. Malt Titrations and Mash pH Prediction. Unpublished, Briess Malt and Ingredients Co., 2011–2012.

[10] deLange, A. J., wetnewf.org/pdfs/estimating–mash–ph.html, 2013.

6

第6章 碱度的控制

碱度的独立宣言

在酿酒的过程中，酿酒师必须解除他们同碱性水之间的化学联系，并按照糖化和发酵的法则，以独立、平等的身份立于发酵领域。出于对《啤酒纯酿法》的尊重，必须把促使他们独立的原因予以公布。

我们认为下述事实是不言而喻的：不同糖化醪具有不同的特性，其中包括谷物、pH和酒花的特性。

为了保障这些权利，人们在他们中间建立了酿酒准则，而酿酒的参数则源于专家的实践。

无论何时，当准则一旦对这些目标的实现起破坏作用时，酿酒师便有权予以更换或废除，以建立一个新的准则。新的准则所依据的原则和操作方式务使酿酒师认为唯有这样才最有可能获得最适的pH和最佳的产量。当然，对待建立多年的酿造准则必须严谨，不应当因无关紧要和一时而兴的原因而予以更改。过去的经验说明，任何难处，只要产量尚能容忍，酿酒师还是情愿忍受，也不想废除他们久已习惯了的酿造准则。然而，当频繁出现的高pH和低产率的行为表明酿造方式已极其平庸时，人们有权利、有义务废除这样的准则，并为其未来的成功提供新的指引。

这就是这些酿酒师过去忍受苦难的经过，也是他们现在不得不改变他们遵守纯净法的原因。麦芽、酒花、水和酵母的历史就是重复失败和超越的历史，其直接目标就是在这个系统上建立一个绝对的准则。为了证明上述句句属实，现将事实公诸于世。

• 糖化醪的最适pH范围是5.2~5.6。

• 受麦芽的品种、糖化环境和辅料等多种因素的影响，基础麦芽DI pH范围基本为5.6~6.0。

• 由于碳酸盐、碳酸氢盐和碳酸的影响，碱度将会使糖化醪pH偏离由去离子水配制的正常水平。

• 由于不具备深色特种麦芽中高含量的钙镁离子、弱酸性缓冲剂和乳酸菌产物等，普通麦芽的糖化醪pH不会下降到目标pH水平。

作为酿造群体的一员，我们呼吁为了这一正直的目标而达成共识，郑重地发布和申明：酿酒师应该有自由和独立思考的权利；免除他们对《啤酒纯酿法》忠诚的义务。该法在供水方面的限制应该完全终止；作为自由而独立的酿酒师有足够的权利加酸，降低碱度，改变谷物法案，设定所需的pH，并可以做所有他们认为正确的事情。

在本章中，我们将专门讨论控制碱度的方法及其背后的化学过程。

作为酿酒师，需要记住的一件事是我们试图控制和减少的是碱度而非硬度。大多水处理广告的目的在于除去暂时硬度或降低永久硬度。作为酿酒师，我们通常不需要减少或除去酿造用水中的硬度（工艺用水则完全不同）。

6.1 降低碱度

最难用于酿造的水是高碱度水。碱度可提高糖化醪的pH使其偏离5.2~5.6的最适范围，不利于糖化锅中所需要的反应。从我们所知的不同风格啤酒的酿造方式可以发现，酿酒师们处理碱度的方法各异。一些酿酒师依靠麦芽的酸性、焙烤麦芽或者发明独特的糖化方法来降低糖化醪的pH，一些酿酒师学会了用我们在这里讨论的方法，降低水的碱度。在此，我们将从简单到复杂依次来检验这些方法。

6.1.1 用反渗透水稀释

目前降低水的碱度最简单且行之有效的方法是用反渗透水（RO）或去离子水（DI）来稀释原水。以1：1的比例稀释原水可以有效地将水中的矿物质浓度和碱度降低一半，也就是说稀释50%。以稀释70%为例，这意味着现在的离子浓度是原先的30%。但这种稀释方式只对于浓度非常低且经稀释后密度不变的溶液适用。例如，水比麦汁更适用此法。

6.1.2 煮沸

使用煮沸法降低水的碱度和硬度已沿用上百年。概括来说，它的作用机理是通过提高温度来改变溶液中各类碳酸盐的饱和度。首先，随着温度的升高，二氧化碳从水中释放出来。二氧化碳的释放打破了溶液的平衡，使得碳酸氢盐进一步转化为碳酸盐和水合二氧化碳，消耗质子并提高溶液的pH；pH的上升使碳酸氢盐离子继续转化为碳酸根离子，从而使碳酸钙达到饱和而沉淀下来；这使得溶液进一步失去平衡，根据勒夏特列原理，更多的碳酸氢盐转化为碳酸盐，直到钙离子和碳酸根离子低于p*K*（该值比其室温下的值略大——p*K*s从20℃的8.44变化到50℃的8.67）。

二氧化碳从水中脱离出来的过程分为两步：首先，有效降低水中的局部压力使它凝聚成微气泡；其次，随着水的沸腾，二氧化碳伴随着蒸汽从水中脱离。该过程持续进行、沉淀持续产生，直至每升溶液中钙和碳酸根离子的含量约为1毫当量，再无碳酸钙沉淀产生。沉淀下来的碳酸钙先作为微晶体悬浮着，最后变大、变重而沉淀下来。根据传统酿造教材，水通常煮半小时可以使二氧化碳被蒸汽很好地排除，然后静置过夜，此时在水壶底部会留下一层白色沉淀。

将去除沉淀物的低碱度水用于酿造用水的方式仅限于中等到高等碱度的原水，因为反应的结果是钙和碳酸氢盐的水平降低到1mEq/L（钙和碳酸氢盐分别为20和61mg/L）。事实上，除非水中两者的含量均显著高于1mEq/L（如3~5mEq/L），否则反应的驱动力将会降低，用煮沸法减少硬度和碱度的有效性会降低。该反应为：

$$Ca^{2+}+2HCO_3^- \rightleftharpoons CaCO_3\downarrow +CO_2\uparrow +H_2O$$

即1mol钙离子（Ca^{2+}）与2mol碳酸氢根离子（$2HCO_3^-$）反应生成1mol碳酸钙沉淀，1mol二氧化碳气体和1mol水。

该方程也可以写成摩尔质量形式：

$$40g\ Ca^{2+}+122g\ HCO_3^- \rightleftharpoons 100g\ CaCO_3+44g\ CO_2+18g\ H_2O$$

该方程也可以反映溶液中以mg/L为单位时各反应物的比例。如40mg/L Ca^{2+}+122mg/L HCO_3^-等。

更多有关化学方程和计算的资料，请参阅附录一。

注意：因为碳酸镁比碳酸钙更容易溶解，煮沸不会影响溶液中镁离子的含量。

这个方程式的双向箭头表明反应是可逆的，这意味着碳酸氢根可以与钙离子反应生成碳酸钙、水和二氧化碳；同时，二氧化碳可以溶于水与碳酸钙反应生成钙离子和碳酸氢根离子。这就解释了第一步中碳酸氢根离子是如何溶于水的。如果需要了解更多关于碳酸盐的知识，请查阅第4章。

勒夏特列原理（Le Chatelier's，即化学平衡移动原理）适用于所有的化学平衡。如果一个平衡状态发生改变或被施加压力，平衡将朝减少改变或减小压力的方向发生改变。也就是说如果我们想要增加碳酸钙沉淀量，可以增加反应物（左边）或者移除产物（右边）。通过增加水中钙离子或碳酸氢根的浓度，或者移除二氧化碳，我们就可以提高碳酸氢根的转化率，增加沉淀的产生（碳酸钙的沉淀会使它从反应体系中移除）。值得注意的是，尽管我们的目标是除去碳酸氢根离子（碱度），但同时我们也除去了钙，这并不是我们所期望的。用这种方式除去碳酸盐后，酿酒师经常会添加氯化钙或者硫酸钙来代替该反应过程中流失的钙。根据勒夏特列原理，在脱碳酸盐之前完成这一工作，所额外添加的钙也有助于脱碳酸盐的过程。

将水煮沸使二氧化碳伴随着蒸汽溢出可以有效去除水中的二氧化碳。二氧化碳的去除可以有效去除酸，提高溶液的pH。高的pH范围有利于碳酸氢盐转化为碳酸盐。

$$Ca^{2+}+2HCO_3^- \rightleftharpoons Ca^{2+}+CO_3^{2-}+CO_2+H_2O \rightleftharpoons CaCO_3+CO_2+H_2O$$

在这个过程中，pH调得越高，碱度移除越多。通常通过向水中通入蒸汽或空气来实现将水的pH调到8.5或者更高。采用常规的脱碳酸盐的方式将水降低到50mg/L $CaCO_3$的碱度并不难，但是水中的钙含量是一个限制性因素。沸水中剩余钙含量可以采用以下公式计算：

$$c_f(Ca^{2+})=c_i(Ca^{2+})-\{[c_i(HCO_3^-)-c_f(HCO_3^-)]/3.05\}$$

方程式中所有初始浓度和最终浓度都用mg/L表示，而因子3.05表示碳酸氢根离子和钙离子等价物之间的转换。$c_f(HCO_3^-)$的量是最终碳酸氢根浓度的估计值，即61mg/L的HCO_3^-，相当于在pH约为8.3时50mg/L $CaCO_3$的碱度。HCO_3^-在理想的情况下最终浓度为61mg/L。保守起见，使用80mg/L碳酸氢根，可能更实际一些。该值允许条件不理想或反应不完全。当钙离子不是限制性因素时，最终的碳酸氢根离子浓度在61~80mg/L是可能的。

例如，当水的pH为8，且含有70mg/L的钙和150mg/L的$CaCO_3$总碱度时，最终的钙浓度是多少?

首先，我们需要将碱度转化为等量的碳酸氢根离子浓度，在pH为8时，碱度的绝大部分是碳酸氢根，总碱度×61/50=$c(HCO_3^-)$的换算因子有效(足够接近)。方程变换为：

$$c_f(Ca^{2+})=70-[(183-61)/3.05]=30mg/L\ Ca^{2+}$$

钙的含量通常是限制因素，这意味着最终的碳酸氢根离子浓度将超过61mg/L。当$CaCO_3$的总硬度高于$CaCO_3$的总碱度时，这种沉淀效果最好。通常情况下，钙离子浓度接近20mg/L时，反应就会停止。但在此情况下，当浓度在12~20mg/L时也会下降。当永久硬度大于暂时硬度时，其效果最好。此时，有大量的钙可以为反应提供反应物，几乎所有的碳酸氢根都能被除去，仅剩下50mg/L $CaCO_3$。增加永久硬度的最好方法是将硫酸钙或氯化钙加入热水中。这些盐类也可以作为晶核，从而有利于二氧化碳气体的形成。

添加碳酸钙同样可以促进碳酸钙的沉淀。尽管它起初看上去似乎与勒夏特列原理相悖，但向水中添加一些碳酸钙粉末是有益的，因为它为碳酸钙从溶液中沉淀出来提供了晶核和晶体生长的支点，事实上促进了沉淀。而添加的碳酸钙粉末永远不会溶解，因此永远不会成为体系的一部分。

但是如果不能降低水的温度或者没有沉淀产生时该怎么办呢？高碱度的水可以通过加热到低于沸点的温度来除去部分的碳酸盐。随着温度的上升，碳酸钙的饱和度会降低，当水加热到沸点时会促进碳酸钙晶体的形成。沉淀产生的多少取决于许多因素，例如，初始钙离子和碳酸氢根离子的浓度、水温的变化以及溶液中二氧化碳的去除等。1851年，在伦敦进行了一次对“人工配制且每加仑（1英式加仑≈4.55L）含13.5粒石灰石的水”煮沸的研究，该试验的结果如表6.1所示。该实验的作者总结道：“软化效应并不会立即发生，但是为获得最大程度的软化，煮沸时间应该延长。为了摆脱水的暂时硬度，煮沸时间应不少于20min……”所以酿造用水加热到沸点可能会减少碱度和硬度。剧烈搅拌或通气可以帮助二氧化碳的释放和沉淀的产生，结果导致少量的初始碱度沉淀下来。但当它们被添加到糖化醪中时，仍然会悬浮在热的液体中。水中悬浮的沉淀物直接添加到糖化醪中会产生什么影响？这是个很好的问题。在这一章的后面，我们将讨论这种情况对剩余碱度和醪液pH的影响。

表 6.1　加热和煮沸对硬度和碱度的降低作用

煮沸时间 /min	每加仑谷物硬度	$CaCO_3$ 硬度 /（mg/L）
（冷）	13.5	192
0	11.2	160
5	6.3	90
15	4.4	63
30	2.6	37
60	2.4	34

注：数据源于 Latham, B., Softening of Water, Journal of the Society of Arts, Vol. 32, London, 1884.

6.1.3　石灰软化法

用熟石灰（氢氧化钙）降低碱度的方法与煮沸法非常相似。但是熟石灰会给水体带来更多的钙且升高了水的pH。它能达到比煮沸法更低的碱度，并且也能减少铁、镁离子、硅以及天然有机化合物，如氨态氮等。采用熟石灰降低碱度的方法首先在1841年由苏格兰阿伯丁市的托马斯·克拉克博士以软化和纯化的泰晤士河河水的形式申请了专利。在1856年写给艺术学会的一封信中，他解释道：“在这个过程中，石灰石的一小部分将一直存留在水中。例如，当一加仑的水中溶解有17.5颗石灰石时，会有16颗可以被沉淀下来，但仍剩下1.5颗会保留在水里面。换句话说，通过白垩将硬度提高到17.5的水可以被减小到1.5，此后将不会再减少”。这些石灰石的量大致可换算成249mg/L和21mg/L $CaCO_3$碱度。这个过程适合中等和高碱度的水。石灰石处理过程与煮沸法不同。冷法（即室温）石灰石软化法的化学反应式为：

$$Ca(OH)_2+CO_2 \rightleftharpoons CaCO_3+H_2O$$

$$Ca(OH)_2+Ca(HCO_3)_2 \rightleftharpoons 2CaCO_3+2H_2O$$

$$2Ca(OH)_2+Mg(HCO_3)_2 \rightleftharpoons Mg(OH)_2+2CaCO_3+2H_2O$$

石灰软化法的一般步骤如下。

（1）沉积/曝气的预先处理可以提高水质。

（2）通过添加氧化钙（生石灰）将水的pH提高到10.3可使碳酸盐沉淀效果最佳。如果需要减少镁的硬度，需进一步添加氧化钙使pH提高到11。

$$CaO+H_2O \rightleftharpoons Ca(OH)_2$$

（3）通过添加铁或铝基凝结剂与水混合、絮凝和澄清可以增加沉淀的速度。如果原水中含硫量高，则首选铝酸钠，且接触时间通常为15~30min。

（4）再碳酸化可以部分地降低水的pH（纯净水pH通常为10~11）。硫酸或盐酸常被用来进一步降低酸度使正常饮用水pH达到8，碱度为32mg/L $CaCO_3$。

（5）在石灰软化之后，传统上采用多介质（砂石）过滤器过滤除去剩余的悬浮固体。膜分离用于这一步去除微生物和悬浮固体的效率更高，因此滤过膜在此阶段的使用越来越普遍。

通过加热可进一步改善石灰的软化过程，并有效地降低每个反应产物的溶解度，使反应更加彻底。与简单的煮沸水相比，该步骤可以更好的将碱度降至25mg/L $CaCO_3$。富含钠、硫或氯的水可能会降低这一过程的效果。高效的处理过程需要精确计算石灰的剂量和细致的监测。

在美国，石灰软化通常用于市政水的处理，不用于啤酒厂用水。小规模的石灰软化法如下所述。石灰软化法在欧洲使用比较普遍，被认为是一种古老的技术。离子交换和膜技术为更现代的方法。与离子交换法相比，石灰软化法可以大大减少溶解性总固体。石灰软化法的一个缺点是在反应过程中有相对较高的固体废料（矿物质沉淀）产生。所产生的固体干重是所除去硬度的两倍。碳酸钙沉淀物是一种精细的、白垩质沉积物，但氢氧化镁是一种松软的沉积物，并在罐体中形成一层厚厚的凝胶。将这两种矿物从水中去除都有点难。

A. J. 德朗格在家中使用熟石灰除去碳酸盐的方法

1. 每 5 加仑的水要加 1 茶匙石灰石来处理。

2. 将水的暂时硬度乘以 0.74 可以大致换算出 1L 水中所需石灰含量(mg)。然后，再乘以待处理水的数量，除以 1000 得到整个体积所需的克数。

3. 在第 2 步的结果上增加 20%~30%，并将所需石灰放在小烧杯或烧瓶中，加足够的水使它悬浮。

4. 将步骤 3 所获得的石灰浆添加入水中，增加量从大到小。每增加一次，彻底搅拌并测定 pH。

5. 继续快速添加直到 pH 达到 9.5~10。

6. 监测 pH。沉淀的生成会使 pH 降低。

7. 此刻，再添加少量额外的石灰浆维持 pH 在 9.5~10。

8. 随着空气中 CO_2 的溶解，pH 会继续下降，但下降速率会减慢。这个时候停止添加石灰浆，让水静置并等待沉淀产生。

9. 将水和沉淀分离并测定水的硬度和碱度。

6.2 用酸降低碱度

酸可以通过提供氢离子将溶液中的碳酸根及碳酸氢根离子转化成碳酸并最终转化为CO_2而降低碱度。逆向反应提高碱度已在第 4 章讲述。

反应如下：

$$H^+ + CO_3^{2-} \rightarrow HCO_3^-$$

$$H^+ + HCO_3^- \rightarrow H_2CO_3$$

$$H_2CO_3 \rightarrow CO_2 + H_2O$$

值得注意的是，只有气体从水中移除才会使反应变得彻底。在小规模的家酿中，水是暴露在空气中的，加热和搅拌会使CO_2气体从水中溢出。在表面积小而体积大的容器中，应该通过搅拌、充入气体、加热产生蒸汽或雾化等方法来除去CO_2气体，防止其在封闭管道或储罐区中释放而产生严重的腐蚀问题。

如果以毫当量为单位，计算降低碱度所需要酸的量将会相当简单。总的碳酸钙碱度很容易转化为毫当量，即除以当量50。例如，水中含有总碱度125mg/L的碳酸钙等同于2.5毫当量每升。每升中增加1毫当量的酸可以减少1.5毫当量或75mg/L的碳酸钙。

然而，有几个问题需要特别考虑：

1. 1 毫当量需要多少毫升的酸?

2. 酸有什么风味效应?

第一个问题在附录二和三中有充分的说明，简单说就是加酸的量取决于酸的种类、浓度和密度。这个表格可以帮助我们配制1当量浓度或0.1当量浓度的溶液。这样，每毫升溶液可以分别提供1mEq/L或0.1mEq/L。表6.2列出了常见酸的标准溶液的制备过程。第二个问题的答案：酸反应是将等量的酸性阴离子（如氯化物、硫酸盐、乳酸和乙酸酯）取代等量碱。风味变化由所使用的酸决定。使用盐酸和硫酸是在不增加钙和镁的情况下提高氯化物或硫酸盐的方法。选择什么样的酸和最终碱度是关于水的成分的配方问题，并且需要多批次试验来确定。本文给出了在不监测pH的情况下降低碱度的方法，这种方法与在附录二中呈现的方法相反。附录二中pH下降到特定值，最终的碱度和酸度是由pH的变化而决定。这两种方法都是可行的，一种是先预测酸的量再验证pH，另一种是先预测pH再验证酸的使用量。

表 6.2　　采用常见的酸制备 1Eq/L 的溶液

酸	质量分数 /%	密度 /（g/mL）	摩尔浓度 /（mol/L）	制备 1L1Eq/L 溶液所需要的酸体积 /mL
盐酸	10	1.048	2.9	348
盐酸	37	1.18	12.0	83.5
乳酸	88	1.209	11.8	84.7
硫酸	10	1.07	1.1	916.5
硫酸	98	1.84	18.4	54.3
磷酸	10	1.05	1.1	935*
磷酸	85	1.69	14.7	68*

注：* 糖化醪 pH 条件下磷酸近似一元酸。

注意：理解酸的稀释过程非常重要。例如，将348mL10%的盐酸倒入一个容量瓶中，加入足够的水将其定容到1L。为了避免放热导致水溅出，浓酸需要被添加到含有大量水的烧杯中，然后再用额外的水定容到最后的体积。

用酸安全：小心使用强酸（强碱）

往水里加酸而不是往酸里加水。这听起来很傻，但是“你应该往水里加酸”这样可以避免酸沸腾。这种警告在处理浓硫酸过程中是非常重要的，这不仅仅是因为它是强酸，更重要的是因为浓硫酸对水有巨大的亲和力。如果将水倒入浓硫酸中，水会瞬间汽化并伴随着酸从容器中飞溅出来喷向酿酒师。不要让任何浓度的酸溅到你的皮肤上，稀酸都有危险，何况浓硫酸，即使是 10% 也是有危险的。

我们劝阻未经任何训练的人使用浓硫酸，我们提醒每个人应该阅读和遵守在材料安全数据表（MSDS) 上的个人保护设备（手套、护目镜、围裙等）的使用。

最后，用来处理酿造用水的酸和碱应该是食品级的。虽然食品级没有确切的定义，但一般来说，这意味着该物质不含有害或有毒的杂质。根据美国食品和药物管理局的规定，食品级通常被认为是安全或适合人类食用的。例如，来自硬件或汽车部件商店现成的酸可能含有有害的重金属或其他杂质，请谨慎购买。

6.2.1 无机酸

6.2.1.1 盐酸（HCl） 1mol盐酸提供1mol质子，为一元强酸。当加入水中时，1mEq的盐酸提供35.4mg/L的氯离子。反应如下。

$$HCl+H_2O \rightleftharpoons H^++Cl^-+H_2O$$

$$H^++Cl^-+HCO_3^- \rightleftharpoons H_2CO_3+Cl^-$$

$$H_2CO_3 \rightleftharpoons CO_2+H_2O$$

6.2.1.2 硫酸（H_2SO_4） 硫酸是二元强酸，1mol硫酸提供2mol质子。当加入水中时，1mEq的硫酸提供48 mg/ L的硫酸根离子。反应如下。

$$H_2SO_4+H_2O \rightleftharpoons 2H^++SO_4^{2-}+H_2O$$

$$2H^++SO_4^{2-}+2HCO_3^- \rightleftharpoons 2H_2CO_3+SO_4^{2-}$$

$$H_2CO_3 \rightleftharpoons CO_2+H_2O$$

6.2.1.3 磷酸（H_3PO_4） 磷酸在严格意义上说是弱酸，但是在糖化醪中却表现为一元强酸，1 mol磷酸提供1mol质子。质子化程度取决于它所添加水的最终pH。一般来说，pH在4~7时，每摩尔水中含有1~1.3当量，如图6.1所示。在这个范围内将磷酸加入到水中的话，1mmol磷酸大概提供96mg/L的$H_2PO_4^-$。如果水继续酸化到糖化醪的水平，会有一小部分（<0.2%）磷酸分子进一步去除质子生成HPO_4^{2-}。主要反应如下所示。

$$H_3PO_4+H_2O \rightleftharpoons H^++H_2PO_4^-+H_2O$$

$$H^++H_2PO_4^-+HCO_3^- \rightleftharpoons H_2CO_3+H_2PO_4^-$$

$$H_2CO_3 \rightleftharpoons CO_2+H_2O$$

磷酸是很多家酿和精酿酒厂的首选用酸。当然，磷酸在高浓度时是很危险的。相比于硫酸，磷酸反应不剧烈，所以更容易得到控制。因为糖化醪中含有磷酸盐，所以在酿造过程中的影响可忽略不计。用磷酸酸化的水可能会使钙离子以磷灰石[$Ca_{10}(PO_4)_6(OH)_2$]的形式沉淀下来而不能进入后期的酿造过程。

来自第4章：

$$10Ca^{2+}+12HCO_3^-+6H_2PO_4^-+2H_2O \rightleftharpoons Ca_{10}(PO_4)_6(OH)_2+12CO_2+12H_2O+2H^+$$

需要注意的是，磷酸根($H_2PO_4^-$)与失去一个氢离子（即单质子）的磷酸的写法是完全相同的。这实际上就是酿造水中磷酸的最常见形式，因为它是弱酸而且在糖化醪pH范围内去质子化程度没有超过1。出乎意料的是，当磷酸少量使用时，如酸化到pH 6（与pH 5.5相比），钙更容易发生沉淀。产生此种现象的原因在附录B中进行了详细的解释。简单来说，碳酸钙和磷酸钙（尤其是磷灰石）在低pH情况下饱和度也低。镁也会与磷酸盐反应，但pH为5.2时，它的溶解度大约是磷灰石的2倍，所以大部分保留在溶液中。这个反应如下：

$$2H_3PO_4+3Mg(HCO_3)_2 \rightleftharpoons Mg_3(PO_4)_2+6H_2O+6CO_2$$

质子的解离数量取决于反应终点的pH。在糖化醪pH范围内其解离数通常是1（数据来自德朗格）。

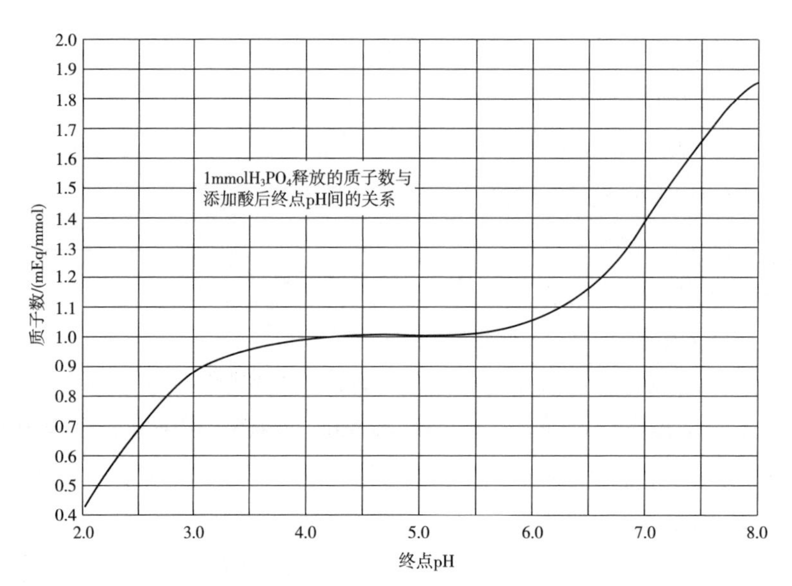

图6.1　磷酸质子化程度与平衡体系pH之间的关系

6.2.2　有机酸

6.2.2.1　乳酸（$C_3H_6O_3$）　乳酸是某些啤酒种类中非常重要的组成部分。但是它也被用来酸化水。德国的《啤酒纯酿法》和《啤酒税法》这两部法律都规定了酿造过程中只允许使用自然产生的酸。事实上，这是库尔巴哈在一开始提出RA方程的全部原因，他以此向其他酿造师表明碱度可以很容易控制并鼓励酿酒师们去说服世界其他地区使用无机酸。

乳酸可以通过三种方式添加：①添加酸化麦芽到糖化醪中；②在醪液酸化或“酸休止”过程中，乳酸杆菌可以在糖化醪中生长；③直接添加食品级乳酸。乳酸在糖化醪中是一种酸性极强的一元酸（pK=3.86），在一般的糖化醪和饮用水的pH范围内，1mol乳酸提供1当量的质子。当加入水中时，每毫当量乳酸释放89mg/L乳酸根离子。以下说明了乳酸在水中的脱水反应，酸的经验公式已经被清晰的结构式所取代：

$$CH_3CH(OH)COOH \rightleftharpoons CH_3CH(OH)COO^- + H^+$$

$$CH_3CH(OH)COO^- + H^+ + HCO_3^- \rightleftharpoons H_2CO_3 + CH_3CH(OH)COO^-$$

$$H_2CO_3 \rightleftharpoons CO_2 + H_2O$$

乳酸是具有柔和酸味的典型代表，是酸乳、酸菜、泡菜等食品的标志性风味。高浓度的乳酸能在啤酒风味谱中产生独特的气味。据报道，乳酸在啤酒中的气味阈值达到400mg/L。由于每个品酒师气味阈值不同，这400mg/L的阈值不是每一个品酒师都能够感觉到的。此外，许多啤酒发酵的副产品在自然情况下会含有低浓度的乳酸（通常在50~300mg/L）。因此，将不高于400mg/L的乳酸添加到水中来降低碱度可能会影响味道。

酿酒师采用“酸休止”的方法除了能进行磷灰石反应外，还可产生乳酸。人们普遍认为，对于大范围的碱度变化，“酸休止”的过程应尽可能厌氧以减少醋酸杆菌的生长。

6.2.2.2　乙酸（$C_2H_4O_2$）　乙酸（醋酸）由于本身具有强异味，所以对于酿酒师而言并不是很有用的。事实上，乙酸是一种更常见的污染物，他来自醋酸杆菌。乙酸同时也是一种酒香酵母属发酵的产物。低浓度的乙酸是某些风味的啤酒所需要的。乙酸是一种中等强度的一元强酸（每摩尔一个当量，pK=4.76）。在加入水的过程中，每毫当量乙酸提供59mg/L的乙酸根离子。乙酸在水中的碱化反应如下所示（乙酸的经验公式已被结构公式取代）：

$$CH_3COOH \rightleftharpoons CH_3COO^- + H^+$$

$$CH_3COO^- + H^+ + HCO_3^- \rightleftharpoons H_2CO_3 + CH_3COO^-$$

$$H_2CO_3 \rightleftharpoons CO_2 + H_2O$$

接种醋酸菌并在发酵后有氧静置有助于乙酸的形成。这种静置方法的替代方法是加入适当的、小剂量的冰乙酸。这两种方法制成的成品啤酒在特性上会有细微的差别。冰乙酸剂量的测定可以与发酵过程中醋酸菌发酵产生乙酸的测定方法一致。

6.2.2.3　柠檬酸（$C_6H_8O_7$）　柠檬酸在早期的家酿中很受欢迎。但由于酸味太重，柠檬酸的受欢迎程度在减弱。柠檬酸是一种较弱的多元弱酸。1mol柠檬酸提供2~3当量质子。当加入水中时，每毫当量酸释放96mg/L柠檬酸根离子。柠檬酸的实验式是$C_6H_8O_7$。这个结构式很复杂，所以一般用化学式表示。脱水反应中，每摩尔产生2当量质子，如下：

$$C_6H_8O_7 \rightleftharpoons C_6H_6O_7^{2-} + 2H^+$$

$$C_6H_6O_7^{2-} + 2H^+ + HCO_3^- \rightleftharpoons H_2CO_3 + C_6H_6O_7^{2-}$$

$$H_2CO_3 \rightleftharpoons CO_2 + H_2O$$

柠檬酸可能会给啤酒增加果味或酯类物质而使某些啤酒受益，例如比利时的白啤酒。据报道，柠檬酸在啤酒中的香味阈值大约为150mg/L。这种香味阈值在不同品酒师之间有所不同，因此，150mg/L的阈值不是每个人都能品尝到。普通的啤酒可自然地从发酵副产品中得到低浓度的柠檬酸（通常是50~250mg/L），这使得柠檬酸在水处理中的进一步使用受到限制。

表 6.3　　降低水碱度的方法汇总

方法	效果	安全性	评价
去离子水稀释	非常好	低危险性	非常有效，去离子水存在潜在的腐蚀问题。使用不锈钢管道，PVC 或者 CPVC 更好。
煮沸	中等	低危险性	降低碱度和硬度，高能耗且使用前必须倾倒，沉淀物不好清洗，功效取决于水的组成。
石灰软化［熟石灰，$Ca(OH)_2$］	好	低危险性	有效降低高碱度和高硬度水的碱度和硬度。在成本和规模经济方面最好由第三方完成。
盐酸	好	危险	加入氯化物。对硬度没有影响。
硫酸	好	危险	向水中加入硫酸。对硬度没有影响。
磷酸	好	中度危险	加入磷酸，对风味影响最小，可以降低水中的钙，取决于最后的 pH。
乳酸	好	低危险性	加入乳酸，可能影响风味，对硬度没有影响。
乙（醋）酸	中等	低危险性	加入醋酸，影响风味，对硬度没有影响。
柠檬酸	好	低危险性	加入柠檬酸，影响风味，对硬度没有影响。

6.3 糖化用水和洗糟用水的酸化

许多酿酒师都会将洗糟用水和糖化用水进行酸化。在洗糟开始时，糖化醪的pH应达到目标值，糖化醪内的缓冲条件应处于最强状态。当用水润洗糟床时，糖分和缓冲液被冲走，这会改变洗糟水的pH。如果水是碱性的，那么糖化醪的pH就会上升。当pH达到5.8时，水从麦芽皮中提取的单宁、硅酸盐和灰分则可能更多。这些化合物会破坏啤酒的风味。最简单的解决办法是pH达到5.8时停止洗糟，或者当麦汁相对密度低于1.008时，直接让热的醪液装满罐体。这样会导致效率的小幅下降，但是可以防止啤酒出现明显的变味。

古语有云，点滴预防胜过灵丹妙药。更好办法是将洗糟水酸化到糖化醪的pH范围内，这样可以有效的阻止pH上升到5.8以上，即如第5章所讲的，基础麦芽pH可能会升高。简单易行的酸化洗糟水的方法适于淡色糖化醪。经稀释后糖化醪的pH更低或者更稀，糖化醪缓冲剂浓度更稀，缓冲能力变弱。该现象也可以发生在低麦汁浓度深色风格的啤酒中，尽管麦汁颜色深，但类黑素（缓冲剂）的浓度却较低。

在2010年美洲酿酒商协会南部和东南部技术会议上，内华达山脉酿酒公司的吉姆·梅勒姆提供了以下数据（表6.4）。在他的《精酿师视角下的水质》（*Water Quality From a Craft Brewer's Perspective*）报告中，吉姆·梅勒姆展示了他的实验结果。他对比了在标准操作程序下酸化水、非酸化水、向糖化醪添加2倍钙盐等三种处理对酿造过程各环节pH的影响。

表 6.4　　钙水平实验

（美国内华达山脉酿酒公司，2010）

特别说明	标准的酿造过程 / 酸化水	标准的盐浓度 / 非酸化水	糖化醪中 $2\times CaCl_2$/ 非酸化水
酒的 pH	5.7	7.8	7.8
麦芽 pH	5.30	5.49	5.38
最初滤液 pH	5.24	5.36	5.27
最终滤液 pH	5.56	5.91	5.83
最初滤液糖度 /°P	17.8	17.5	17.7
最终滤液糖度 /°P	1.30	1.25	1.30
过滤时间 /min	77	78	78
最终麦汁 pH	5.17	5.37	5.31
最终麦汁糖度 /°P	13.3	13.3	13.4
最终酒 pH	4.37	4.37	4.41
最终酒的糖度 /°P	3.00	2.75	2.78
苦味 /IBV	38	38	40
色度	11	12	13

试验采用淡色爱尔啤酒进行了10桶规模的中试研究，每个条件设两个重复，共20桶。为了有效地总结实验结果，所有三种条件的糖化醪pH、啤酒得率和一般参数都在可接受的参数范围内。试验之间最重要的区别是最后一批洗

糟水滤液的pH。未酸化且采用标准条件的洗糟尾水滤液pH上升到5.91，未酸化2倍钙水平的洗糟尾水滤液为5.83，而通过在线注入的方式将酿造液酸化到pH 5.7的水洗槽尾水滤液的pH只为5.56。在三角形试验过程中，38个受过训练的专家成员确认：在三种条件下酿造的啤酒在口感上具有极为显著的统计学差异（a=0.05）。这些差异表现在涩味、酸涩性和可接受程度三方面。酸化水经标准程序酿造的啤酒在每个属性中都较优。造成啤酒差异的原因似乎是与标准酿造程序相比，其他两种操作在过滤后期较高的pH使得单宁、硅酸盐和灰分的溶解度增高。较高的麦汁pH在煮沸时也会从啤酒花中提取更粗糙的苦味。

这种效应的另外一个例子是来自位于美国加利福尼亚州纳帕的Downtown Joe's酒吧的酿酒师卡明斯基所酿造的小麦啤酒。小麦啤酒（夏日慵懒美国小麦啤酒）是由40%小麦麦芽、初始相对密度1.040（OG），10国际苦味单位（IBU）所酿造的标准产品。但在过去的500批次中，酿造水都是不一样的。在纳帕，水源每个月都随着季节及多个源头水的改变而改变。保持啤酒一致性需要持续不断的测量和调整。

原始小麦啤酒成分（mg/L）

139 Ca^{2+}

41 Cl^{-}

252 SO_4^{2-}

10 HCO_3^{-}

根据酿造日志记录，他通过煮沸上面所示的水得到了“正常”pH的水。你可以看到该水中的钙含量极高，但是酿造出的啤酒是可以接受的。人们对他的评价是清爽但有矿物质气味。随后，他们安装去离子设备用来降低该水的碱度，并开始对最适的水分组成进行新的探索。经过向水中添加石膏及氯化钙的多次试验并逐步改进后，水的成分变成如下所示：

74 Ca^{2+}

21 Cl^{-}

157 SO_4^{2-}

5.24煮沸pH

在与A.J.德朗格讨论了低硫酸盐对淡色啤酒的影响后，这位酿酒师决定将硫酸盐完全除去，使爱尔啤酒更像拉格啤酒。第一次他尝试使用了100g氯化钙和10mL 85%的磷酸来酸化1136L的热水，这种水中一共含有24mg/L钙和42mg/L氯离子。如图6.2所示，尾水滤液pH的变化可知，采用该类水洗糟后获得的这一批次水的pH为5.47。所酿的成品啤酒看上去有正常的发酵特性和典型的最终糖度，但是具有明显的干燥、粗糙的口感和几乎苍白的回味等特点。

在下一批次中，钙被增加到36mg/L，氯离子增加到64mg/L，而磷酸盐与上一批次相同。但是，这次洗槽尾水的pH没有上升，成品啤酒没有刺激性的味道。

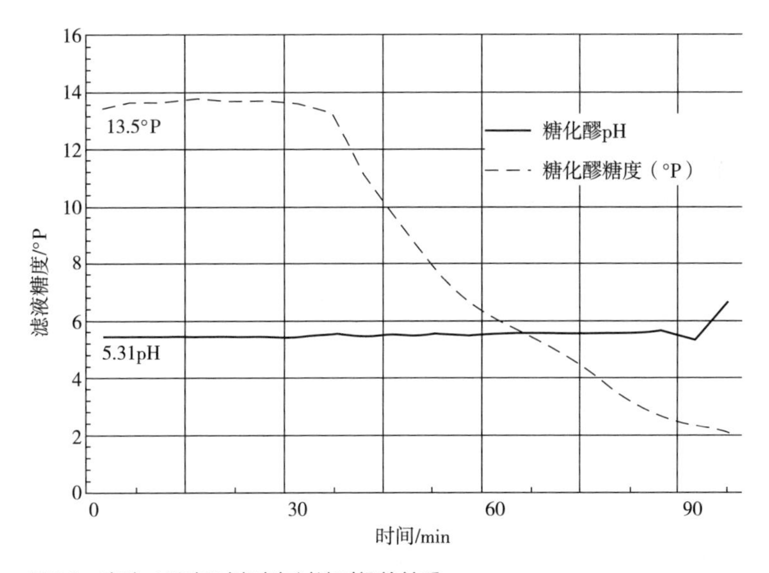

图6.2 麦汁pH和相对密度与过滤时间的关系

该图显示了在过滤的末尾，随着过滤液相对密度连续下降到3°P以下，糖化醪pH意外增加了。在下一批次的酿造水中增加钙的含量可以防止同样相对密度麦汁的pH回升。

磷酸引起的钙沉淀

在水化学中，酿造水的酸化是比较棘手的事情。使用磷酸酸化水的一个问题是磷酸钙沉淀的产生。磷酸钙打破了剩余碱度的平衡。那么多大程度的磷酸酸化可以改变水体中钙的含量呢？

pH 的变化可以影响水中的酸碱平衡。A. J. 德朗格博士在这个项目上解决了确定酸化对钙的影响这一现象背后的化学理论和艰深的数学问题。结果展示在附录二的图表中。它们描述了碱度的减少与酸化终点 pH 间的关系，钙饱和浓度与酸化间的关系；同时也表明，酸化到一个典型的糖化醪 pH 范围而不是一个高 pH（如 pH 6.5 或 pH 7）有助于水中钙的保留。A. J. 德朗格也给出几个例子来说明如何使用这些图表。这些图表只讲述了水的酸化而不是糖化醪的酸化。如果你计划酸化酿造用水的话，这些图表是很好的工具。

6.4 提高碱度

尽管大多数酿酒师试图减少酿造水中的碱度，但为了糖化颜色更深、容纳更酸的谷物成分，他们有时也需要提高pH。当然，需要清楚的是我们从不在洗糟水中增加碱度。洗糟水中的碱度总是尽可能地低，以缩小或阻止在洗糟床过滤过程中pH的上升。

增加糖化醪碱度有以下几种方法：一是添加碳酸盐和碳酸氢盐；二是添加氢氧化物。增加水的碱度和增加糖化醪碱度之间有很大的区别。在第5章我们已经说到，预测糖化醪的pH需要计算碳酸盐的总摩尔数和Z碱度。后者需参照图5.8，并基于糖化醪目标pH来确定。这种Z值方法是在糖化醪中可能发生情况的一阶近似值。实际上的化学反应复杂多变并取决于内部成分之间的相互作用，如碳酸盐种类、磷酸盐种类、pH和所有的化学常数等。这里，我们仅以通过向水中加入碳酸氢钠这一最简单的例子来讨论这个问题。

6.4.1 添加碳酸氢钠

碳酸氢钠（俗称小苏打）极易溶于水，在25℃时的最大饱和度约为9%，约0.1kg/L。因此，可以很容易地将它添加到酿造水或糖化醪中以提高碱度。但是，碳酸盐体系属于弱碱。正如在第5章中详细介绍的那样，它们的电荷随pH而变化。

如果需要将碳酸氢盐加到水中提高$CaCO_3$总碱度及库尔巴哈剩余碱度，唯一需要调整的是稍微减少每克盐的贡献（按附录三算）。正如前面我们所描述的，总碱度是将碳酸盐和碳酸氢盐转化为碳酸而将水的pH降低到4.3时所需要添加的酸的量。当然，在pH为4.3时，碳酸盐依然带有0.01mEq的电荷，它们不会减少到0，最低也会有1%。因此为了更加准确，我们需要基于这1%来调整碳酸氢盐的添加。

在忽略水的pH条件下，碳酸氢盐的电荷开始是1mEq/mmol。如果1g碳酸氢钠（相对分子质量=84）溶解在1L的水中，其浓度为0.0119 mol/L（或11.9 mmol/L）。在滴定终点pH 4.3条件下，当电荷数为1mEq/mmol时，11.9 mmol/L等于11.9mEq/L的总碱度。如上所述，当每升中增加1g碳酸氢钠时只产生99%的11.9mEq/L的总碱度。HCO_3^-的浓度需要作出相应调整。如表6.5所示。

前面在计算添加剂对总碱度或剩余碱度的影响时并没有考虑糖化醪的最终pH。如果只关注与碱度相关的参数，这些物质是添加至水中还是糖化醪中就不重要了。另一方面，如果按照在第5章末尾所提出的模型添加碳酸氢钠将pH调至一个特定值（Z pH）时，则必须计算Z碱度。

当用一种碳酸盐加入到糖化醪中调整pH时，电荷改变量Δc的计算必须参照第5章图5.8进行。为方便起见，图6.3重复了该图。然而，基于出发点是-1.0（碳酸氢盐）或-2.0（碳酸盐），Δc的计算可以简化。因此，当Z pH为5.4时，加入碳酸氢盐或碳酸盐各自对应的Δc将会是：

$$-0.1-(-1.0)=+0.9\text{mEq/mmol}（碳酸氢盐）$$
$$-0.1-(-2.0)=+1.9\text{mEq/mmol}（碳酸盐——见下面的备注）$$

碱度Z等于净电荷的变化（Δc_Z）乘以总碳酸根离子（c_T）的毫摩尔数，即碳酸氢盐添加的碱度Z=0.9 c_T。请注意，碱度减少1%在这里并不适用，因为我们不是计算“总碱度”，而是计算相对于目的pH的实际碱度变化。Δc_Z是新的换算系数。请参阅第7章结尾，海外特浓世涛啤酒的例子。

备注：据记载，通过吹入CO_2气体或者给与足够的CO_2分压来使添加到水中的白垩（即碳酸钙）完全溶解后，起始电荷数为2mEq/mmol。其变化值计算，如图6.3所示，例如在pH为5.4时电荷数为-0.1mEq/mmol。如果用除CO_2之外的任何一种酸（如盐酸）来溶解白垩，一半以上的碱性电荷会被用于将全部碳酸盐转化为碳酸氢盐。由于碳酸氢盐更易溶于水，前面描述的碳酸氢盐的情况在此也一样适用。

德朗格采用碳酸氢钠和80°L焦糖麦芽对Z模型进行了验证，结果与理论预测一致，但同时也证明了时间与反应过程存在固有的联系。80°L焦糖麦芽样品糖化醪的DI pH起初为4.77。根据Z碱度的定义，计算将糖化醪的pH调至5.4所需碳酸氢钠的量。实验过程中对pH的持续监测显示，初始pH非常接近糖化醪的DI pH，当加入碳酸氢盐之后糖化醪的pH急剧上升；在25min时，糖化醪的pH下降到5.56；在60min时，pH为5.51；在135min时，糖化醪的pH降至5.37，接近pH 5.4。

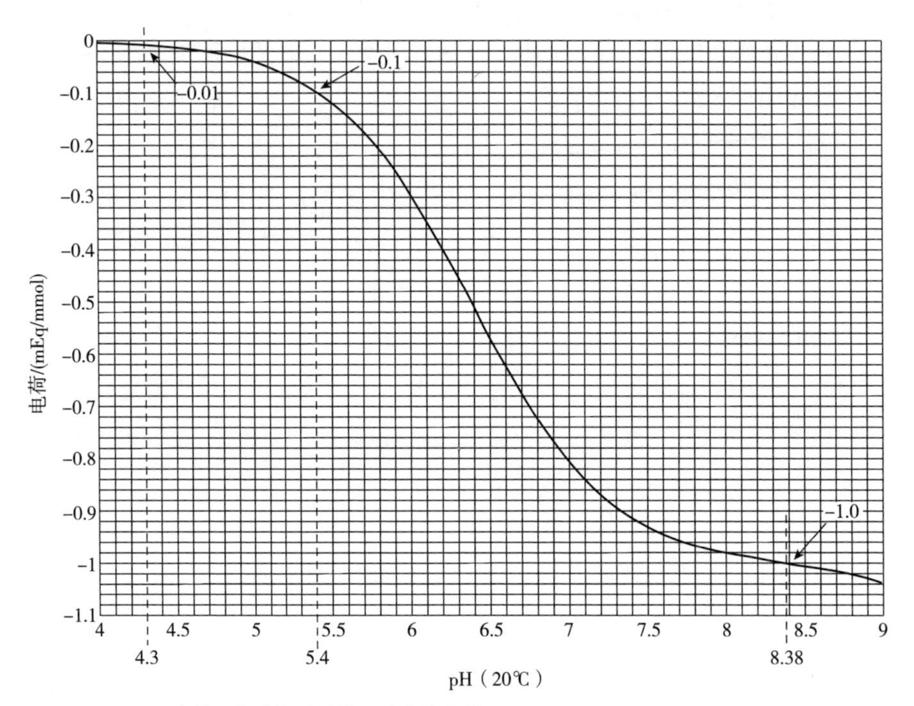

图6.3　不同pH条件下每摩尔碳酸盐所改变的电荷

曲线显示的是水中pH对电荷的影响。向糖化醪用水中添加碳酸盐时测定$\Delta c_{电荷}$，初始碳酸氢盐的电荷是–1.0mEq/mmol，加入碳酸盐（白垩）的电荷为–2.0。因此，在目标糖化醪pH为5.4时，二氧化碳溶解碳酸盐对糖化醪碱度的改变为–2.0–(–0.1)=–1.9mEq/mmol。Z碱度等于净电荷变化乘以总碳酸盐的毫摩尔数。这个图并不适用于氢氧化物，只适用于碳酸盐的添加。

值得注意的是，采用添加碳酸氢钠的方式增加总碱度可能会导致添加量略微偏小，并使糖化醪的pH最终低于目标pH。依据反应动力学曲线，你可能实际上希望减少调节Z碱度的变化时间，而希望糖化过程的全部时间尽可能在糖化醪的最优pH范围内进行。啤酒厂在平衡特定配方中的所有这些因素时需要进行试验，但至少这里讨论的计算可以帮助理解该过程中发生的反应。

碳酸氢钠使用的唯一问题是导致了钠离子的增加——大约含有72mg/L。第7章已指出，钠含量超过100mg/L通常是不推荐的，尤其是硫酸根离子浓度在

300mg/L以上时，会给人一种金属味的苦涩感。

6.4.2 添加白垩的问题

在自然界中，一个用于黑啤酒酿造的、优秀的碱性地下水的形成不仅需要时间，还需要石灰岩和高的二氧化碳分压。在啤酒厂中重构这种水却是不容易的。它并不像自然水一样稳定，碳酸盐似乎有更高的沉淀倾向。正如在第4章所提到的，碳酸钙在水中的正常饱和浓度非常低，在标准的二氧化碳分压下仅约为0.05g/L。这相当于38L的水中大约含有2g。通过在恒定的搅拌下向体系中通入二氧化碳气体或在密闭压力容器中加入二氧化碳可以溶解更多的碳酸钙。但这些过程要么不方便，要么太慢。

传统的做法是把石灰石加入糖化醪中，糖化醪较低的pH会使得石灰石更容易溶解。然而，坊间已有证据表明，白垩的添加对增加碱度和提高pH并不是十分有效。例如，特勒斯特系统比较了两种不同添加方式下白垩对糖化醪pH的影响。一是含有高压CO_2的去离子水溶解的石灰石；另一种是不溶解、悬浮在水中的石灰石。在这两种溶液中都使用了相同数量的石灰石。由于滴定使用的是强酸，滴定碱度几乎是相同的。虽然所得的数据不是很有结论性，但它表明完全溶解的石灰石对提高糖化醪pH的效果更好，唯其变化并不与总碱度的增加相一致。不溶解的石灰石溶液只能将糖化醪pH增加0.1~0.2，即使采用更高的石灰石浓度也如此。这表明，糖化醪中的天然酸不足以溶解悬浮的石灰石，至少在测量糖化醪pH的时间范围（25min）内是如此。

A. J. 德朗格随后的实验揭示了添加白垩的化学计量学并解释了结果不理想的可能原因。糖化醪中麦芽含有相对较高浓度的磷酸盐（质量分数大约为1%），大约是糖化醪中标准钙浓度的30倍甚至更大（大约100mg/L）。他的实验包括添加已知数量的碳酸钙浆液（即悬浮，不溶解）到一种磷酸二氢钾（KH_2PO_4）溶液中。这种磷酸二氢钾溶液的浓度与一个标准的糖化醪中二元磷酸盐（HPO_4^{2-}）浓度相当。研究者监测了石灰石的加入对pH的影响，发现pH的变化率与石灰石吸收质子（酸）的速率一致。结果表明，在pH4.6~5.5的范围内，向溶液中加入石灰石，pH的增加相当缓慢。通常每15~30min pH上升只有0.1；而在pH5.5~6的范围内，pH上升同样的幅度则需要30~60min。这表明，将pH从4.9提高到5.4可能需要3h。此外，用石灰石在提高溶液pH时，似乎只有大约1/3的添加物是有效的。换句话说，pH的变化是根据添加物数量而预期的结果的1/3左右。

实验结束后，烧杯中存在与未溶解的细晶体粉末状白垩不同的沉淀物。此沉淀物蓬松，更像絮凝，需要很长时间才能让它沉淀出来。用强酸处理离心得到的絮状物，不会生成气泡（如果它含有适量的碳酸钙即会有气泡冒出）。用强碱处理将溶液的pH升至14时，则会得到细晶体沉淀。这些将物质逆向转变为原先状态的实验证实：当添加到磷酸盐溶液中时，碳酸钙会转化为磷灰石。

6.4.3 糖化醪中碳酸盐行为特征的深入探讨

用与第4章中的磷灰石方程相类似的化学方程式也许可以解释这些观察到的结果。磷灰石反应吸收了体系中现存的钙离子、碳酸氢盐和磷酸根离子转化为磷灰石、二氧化碳、水和2个游离氢离子；碳酸钙反应则产生磷灰石、二氧化碳、水和6个碳酸氢根离子。

$$10Ca^{2+}+12HCO_3^-+6H_2PO_4^-+2H_2O \rightarrow Ca_{10}(PO_4)_6(OH)_2+12CO_2+12H_2O+2H^+$$（第 4 章）

$$10CaCO_3+6H_2PO_4^-+2H_2O \rightarrow Ca_{10}(PO_4)_6(OH)_2+10HCO_3^-+4H^+$$（理论上）

$$10HCO_3^-+4H^+ \rightarrow 4H_2CO_3+6HCO_3^-$$

$$4H_2CO_3+6HCO_3^- \rightarrow 4H_2O+4CO_2+6HCO_3^-$$

10个碳酸氢根离子和4个氢离子反应生成4个碳酸分子和6个碳酸氢根离子。4个碳酸分子根据其pK_H常数分解成二氧化碳和水。德朗格的理论是，在标准的糖化醪pH范围向糖化醪中添加每当量初始的悬浮白垩只具有0.3当量碱度的净效应。注意，10mol碳酸钙相当于20当量的碳酸钙。

如第4章图4.3所示，碳酸盐存在的形式取决于其所处环境的pH。糖化醪中磷酸盐（如H_3PO_4、$H_2PO_4^-$和HPO_4^{2-}）与碳酸盐的表现类似。磷灰石反应实际释放的质子数取决于它们各组分的相对比例，从而也就取决于溶液的pH。释放的质子数与pH之间的关系如图6.4所示。该曲线显示了在pH 4~6的范围内，各种磷酸盐沉淀中，1mol磷灰石平均释放14个质子。换句话说，根据上面的方程式，10mmol（20mEq）的白垩反应生成1mmol磷灰石和14mol质子，即20mEq的碱反应释放14mEq的酸度。由于20mEq碱度中的14mEq被中和，使得糖化醪pH只剩下6mEq的碱度。这个量是预期增加量的30%。这是由于添加物中的钙与糖化醪中的磷酸盐发生反应的结果。而加入碳酸钠（Na_2CO_3）和碳酸氢钠则不会发生这种减少。

这意味着将1g碳酸钙添加到1L的糖化醪中可以产生20mEq/L的钙和20 mEq/L的碳酸盐。但从1g的添加量来看，净效应约为6mEq/L的碱度（即6mEq/L的氢离子）。

6mEq/L的碱度可以加入糖化醪的c_T碱度中。在计算从白垩添加物中添加的钙对c_T RA的影响时，由于钙以磷灰石沉淀的方式流失，因而仅增加了净碱度。

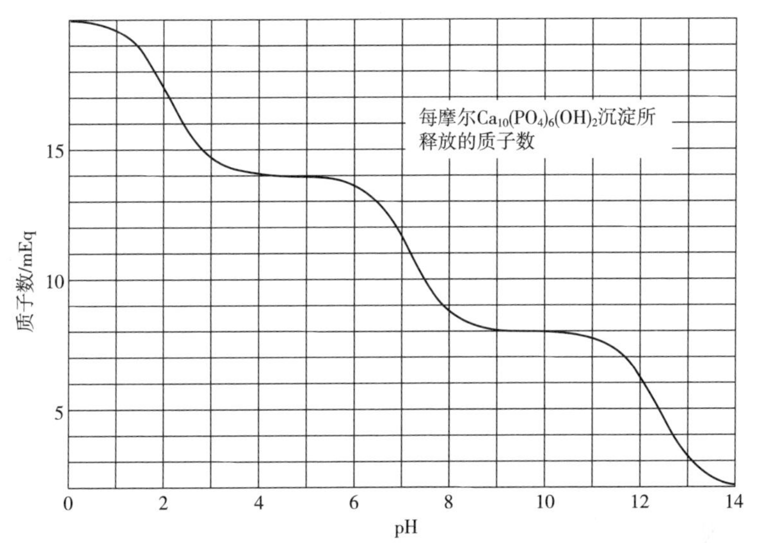

图6.4　钙与糖化醪中磷酸盐发生磷灰石反应释放的平均质子数（或酸度）与pH的关系

需要注意的是，对于一般的糖化醪pH（4~6）范围，质子释放量的平均值为14mEq/mmol。数据来自德朗格。

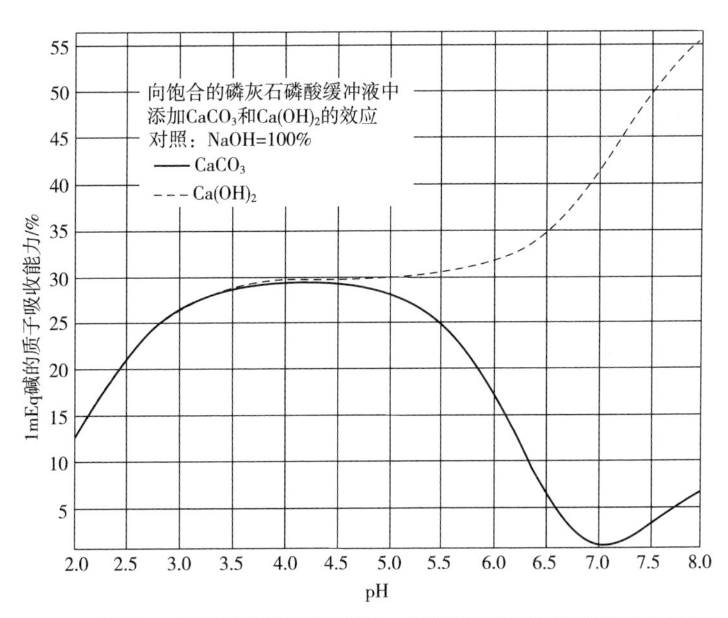

图6.5　以磷灰石沉淀的化学计量为基础，碳酸钙和氢氧化钙在模拟的糖化醪中吸收质子的相对有效性

请注意，在pH 4~6时，碳酸钙和氢氧化钙的质子释放量都大约为加入毫当量的30%。但氢氧化物的有效性与碳酸盐不同，其在较高的pH下实际上是增加的。数据来自德朗格。

德朗格进一步的实验表明，将添加物的量增加一倍至假定的30%后并没有额外的效果发生。几小时后，再次添加碳酸钙实际上反而降低了糖化醪的pH。实验结果是有效的，但原因不清楚。

德朗格告诫道，“30%的理论”是一个相对较新的发现，即使是真的话也应该谨慎使用。虽然上述讨论与德朗格和其他酿酒师所观察到的结果相一致，但可能还有其他因素、其他同样或更有效的解释。

此处的基本的观点是，对于增加糖化醪的pH来说不建议添加白垩，因为它反应缓慢，而且是效果最差的选择。

6.4.4 添加氢氧化钙

可将氢氧化钙（熟石灰）加入水或糖化醪中。当添加到酿造用水中时，它实际上同时增加了钙和碱度，那么其添加量可以用库尔巴哈剩余碱度的改变来计算。加入1g/L $Ca(OH)_2$（27mEq/L）的计算如下：

$$RA=27-27/3.5=19.3mEq/L或965mg/L\ CaCO_3$$

这个数量与M. 布伦加德观察到的结果一致。1g/gal所对应的总碱度的量是9.13mEq/gal（1gal=3.7854L），剩余碱度的变化ΔRA=5.1mEq/gal或255mg/L $CaCO_3$。

如果氢氧化钙加入糖化醪中来调节糖化醪的pH，那么就像前述碳酸氢钠的添加一样，该添加量需要并入到Z碱度的概念中。糖化醪中总碳酸盐的摩尔数（c_T）需要根据酿造水pH和糖化醪目标pH（Z pH）来计算。将上述计算得到的氢氧化钙剩余碱度的变化值ΔRA（19.3mEq/L）并入到糖化醪中水的Z碱度中。需要注意的是，氢氧化物没有Z校正；它是一个强碱，与强酸相同，它总是具有1mEq/mmol的效用。

此外，添加到糖化醪中的氢氧化钙可能会遇到与碳酸钙相同的命运。库尔巴哈剩余碱度方程已经包含了钙和镁反应，但是每个库尔巴哈碱度的降低量（28.5%）与磷灰石方程的化学计量不一致。氢氧化钙中磷灰石的理论方程为：

$$10Ca(OH)_2+6H_2PO_4^-\rightarrow Ca_{10}(PO_4)_6(OH)_2+12H_2O+6OH^-$$

这个公式中的反应产物是水和氢氧化物而不是碳酸氢盐，但是净反应是相同的。由于磷灰石的沉淀，从最初氢氧化物20当量的碱度变为6当量，即实际贡献的碱度降低了70%。我们应该注意到，这个方程只是发生在糖化醪中几个可能反应中的一个。糖化醪中可能发生的反应是由于磷酸盐的浓度和形式所决定的。

德朗格采用与碳酸盐添加相同的实验程序，对氢氧化钙（熟石灰）进行了一系列的实验。他再一次将80° L的焦糖麦芽细磨，用蒸馏水制醪，并确认了糖化醪的DI pH。随后加入氢氧化钙，随着时间的推移记录糖化醪pH的变化。实验发现，糖化醪的pH变化速率很快。氢氧化物添加使得糖化醪的pH每4min发生0.1的上升，并稳定地越过pH 4.6~5.5这个范围，且在这个pH区间的反应速度最快。在较高的溶液pH（5.5~6.0）下，pH变化的速率随着氢氧化物的添加而降低，但并未像碳酸盐一样出现一个数量级的改变。这组实验所呈现的反应动力学是较好的，但没有很好的指示添加氢氧化钙后碱度的变化值。

随后，通过向80°L的焦糖麦芽糖化醪中添加116mEq/L高纯度氢氧化钙溶液的实验解释了有多少碱度减少的问题。使用第5章中所示该类麦芽的30min滴定曲线，在48℃下，116mEq/L氢氧化钙溶液应该将该麦芽的DI pH转变至6.40，但在t=30min时，实际结果是pH转变到5.87。其对应于该曲线加入量约为83.5mEq/L或占总添加量的72%氢氧化钙的碱度发挥了贡献。这与库尔巴哈的预测非常接近。在t=120min时，pH逐步降至5.78或约为总添加量的66%，但该时间段的结果超出了麦芽滴定反应曲线的参数。结果表明，至少在1h的标准糖化时间内，库尔巴哈方程对氢氧化钙添加是有效的。随着糖化时间延长，可能会发生更多的磷灰石型反应，从而使糖化醪pH降低至化学计量净值的30%。

6.4.5 添加氢氧化钠或氢氧化钾

向糖化醪或水中加入氢氧化钠或氢氧化钾不会引起磷灰石反应，所以对于糖化醪pH的影响更直接。我们将会在第7章中讨论这个问题。尽管人们对啤酒中的钠可能具有不同的耐受性，通常不推荐使用超过100mg/L水平以上的钠。一些参考文献，例如泰勒的工作指出钠的异味阈值高达250mg/L。其他酿酒师如卡明斯基则不建议用超过50mg/L。

啤酒中的钾含量通常为约400mg/L，泰勒表示用去离子水酿制的10°P啤酒中钾的含量为355mg/L。相比之下，橙汁的钾含量通常约为1800mg/L。啤酒中

1800mg/L的钾浓度可能不适合，但是往水和啤酒中加入约200mg/L K^+的氢氧化钾或氯化钾并不会引人注意。

1g/L的氢氧化钠提供25mEq/L的碱度和575mg/L的钠。1g/L的氢氧化钾提供17.8mEq/L的碱度和697mg/L的钾。

配制1当量的溶液：将40g氢氧化钠溶于水中定容至1L。将56g氢氧化钾溶于水中定容至1L。

注意事项：氢氧化钠和氢氧化钾都有强腐蚀性。即使在固体颗粒的状态下都不应该接触皮肤。在使用前请穿戴适当的个人防护装备，并查阅化学品安全说明书。

表 6.5　　增加碱度方法总结

方法	注释
碳酸氢钠 可以添加到水或糖化醪中。 效果：好 安全性：低危险	用于水的总碱度调整： 添加量为 1g/L 时，$\rho(Na^+)$=273.7mg/L，$\rho(HCO_3^-)$=710.5mg/L 碱度为 11.8mEq/L 调整糖化醪至目标 pH： 添加 1g/L 时，$\rho(Na^+)$=273.7mg/L 碱度为 11.9mEq/L 请参阅糖化醪添加物和 Z 碱度相关的内容。
白垩 用超压二氧化碳或酸溶解在水中。 效果：差 安全性：低危险	不推荐粉末白垩添加。结果是不可预知的，但通常对于提高碱度和糖化醪 pH 无效。 加入前溶解在水中，就像碳酸氢钠一样。 有关完整说明，请参阅正文。
熟石灰 可以添加到水或糖化醪中。 效果：好 安全性：中度危害	添加 1g/L 时，$\rho(ca^{2+})$=540.9mg/L，$\rho(OH^-)$=458.8mg/L，碱度为 27mEq/L DRA=19.3mEq/L 可以添加到水或糖化醪中。 可接受反应速率：在 15~20min 内 pH 从 4.9 升至 5.4。
氢氧化钠 可以添加到水或糖化醪中。 功效：好 安全：危险	添加 1g/L 时，$\rho(Na^+)$=575mg/L，$\rho(OH^-)$=425mg/L，碱度为 25mEq/L 将 40g NaOH 溶解在足够的水中，制成 1L1mol/L 溶液。
氢氧化钾 可以添加到水或糖化醪中。 效果：好 安全性：危险	添加 1g/L 时，$\rho(K^+)$=697mg/L，$\rho(OH^-)$=303mg/L，碱度为 17.8mEq/L 将 56g KOH 溶于足够的水中，制成 1L1mol/L 溶液。

参考文献

[1] Brungard, M., Water Knowledge, https://sites.google.com/site/brunwater/water- knowledge, 2013.

[2] Latham, B., *Softening of Water*, Journal of the Society of Arts, Vol. 32, London, 1884.

[3] *Handbook of Brewing, 2nd Ed.*, Priest and Stewart, Chapter 4–Water, D.G. Taylor, CRC Press, 2006.

[4] Briggs, et al., Malting and Brewing Science, Vol. 2, Chapman and Hall, London, 1981)

[5] Troester, K., The Effect of Brewing Water and Grist Composition on the pH of the Mash, Braukaiser.com, 2009.

[6] Sykes, WJ, Ling, AR, Principles and Practice of Brewing, 3rd Edition, Charles Griffin and Co. Ltd., London, 1907.

[7] deLange, A. J., Alkalinity Reduction with Acid, wetnewf.org/pdfs/alkalinity–reduction– with.html, 2013.

[8] Kolbach, P., *The Influence of Brewing Water on the pH of Wort and Beer*, VLB Monthly for Brewing, P Kolbach Ed., Vol 6, Number 5, May 1953, Berlin. Translated by deLange and Troester, wetnewf. org/pdfs/Brewing_articles/KolbachPaper.pdf

[9] deLange, A. J., Chalk, www.wetnewf.org/pdfs/chalk.html, 2013.

[10] Brungard, M., email communication, 2013.

7

第 7 章

根据啤酒风格调整酿造用水

根据特定的啤酒风格来调整水质是创建酿造配方过程中极具挑战的部分，需要反复试验和权衡。特定风格的啤酒并没有一个与之对应的最佳水质条件。不同酿造用水的使用以及人们对啤酒风格的选择相互促进，最终形成一个完美的酿造配方。

对酿造用水的基本要求是它应使糖化在特定的pH范围内进行（通常在20℃下，pH 5.2~5.6），并能凸显啤酒的特征风味。由于缺乏对啤酒风格和水质配方间相互关系的了解，许多著名的啤酒配方被证明是不可信的。幸运的是，将水质信息包括在酿造配方之内已经成为现在越来越普遍的做法。

另一个常见的误区是认为来源于著名酿酒地区的水不经调整即可用于啤酒发酵。几百年来，酿酒师们一直在改进他们的酿造用水。私人水资源顾问这一职业已经存在了至少100年或更长时间。1935年，沃勒斯坦实验室出版了《现代化学视角下酿造用水的处理》（*The Treatment of Brewing Water in the light of Modern Chemistry*）一书。该书在摘要中提到，“每一种酿造用水都必须经过仔细研究并根据其用途进行处理。20多年来，我们一直针对酿造用水开展专门研究，并为酿酒师提供了沃勒斯坦伯顿盐用于改善和纠正他们的酿造用水。”

我们是酿酒师——我们试验、我们改进、我们从未停止创新！

如何酿造真正的好啤酒

步骤 1　购买一支 pH 计

假如在本书前三分之二的内容中没有涉及 pH 的概念，没有提到影响 pH 的因素以及调整糖化醪 pH 的方法，我们确实可以说“不要担心醪液的 pH，它会足够好的”。虽然我们可以充满善意地告诉初学者：“不要担心，每个人刚开始都会摔跟头，好好享受酿造的过程吧。”但是你已经不是初学者了。如果真的想酿造好啤酒，必须认真地分析酿造结果并实现酿造目标。为实现目标制定一个行动计划并且始终如一的坚持才是行家的标志。

为此，去买一支好的 pH 计。pH 试纸是为业余爱好者准备的。你需要认真对待你的啤酒。

有关 pH 计的更多信息，请参阅附录一。

7.1　历史上的酿造用水、处理方法和啤酒风格

水是赋予啤酒特殊地域风格的因素之一。比尔森啤酒就是一个很好的例子。来自比尔森地区的软水影响了酿造过程的各个方面，包括制麦芽、糖化、麦芽的香气，以及酒花品种的选择与使用方法等，以便与啤酒风格形成最好搭配。用截然不同的水来重现比尔森啤酒的风格是酿造者面临的重大挑战之一。现在，唾手可得的反渗透系统使人们更容易获取正确的水来用于特定风格啤酒的生产。但什么样的水才是正确的酿造用水呢？历史上，酿造商已经研究了一些著名啤酒产区水源的水质组成，并试图复制这些水来酿造相同风格的啤酒。许多酿造书籍中也包含了水质信息来帮助读者理解酿造用水对啤酒风格的影响，如1902年出版的《美国酿造、麦芽制备与辅助交易手册》（*American Handy Book of Brewing, Malting and Auxiliary Trades*），1981年出版的《麦芽与酿造科学》（*Malting and Brewing Science*）以及前面提到的沃勒斯坦实验室的手册等。表7.1中所列的水中化学成分是一个经常被引用的例子，然而我们不能仅仅因为它已经出版，就把这些参数视为信条；我们更应该理解这些参数是在何种情况和背景下被收集的。

表 7.1　　　　　　　　著名酿造城市水源的水质

城市 / 啤酒类型	Ca^{2+}	Mg^{2+}	HCO_3^-	Na^+	Cl^-	SO_4^{2-}	剩余碱度 *	阳离子总当量浓度	阴离子总当量浓度
比尔森 / 比尔森啤酒	10	3	3	3	4	4	−6	0.9	0.2
都柏林 / 干型世涛	118	4	319	12	19	54	175	6.8	6.9
多特蒙德 / 出口拉格	225	40	180	60	60	120	−36	17.2	7.1
维也纳 / 维也纳拉格	200	60	120	8	12	125	−80	15.3	4.9
慕尼黑 / 十月节啤酒	76	18	152	?	2	10	60	5.4	2.8
伦敦 / 英国苦啤酒	52	32	104	86	34	32	29	9	3.3
爱丁堡 / 苏格兰爱尔啤酒	125	25	225	55	65	140	80	10.7	8.4
伯顿 / 印度淡色爱尔啤酒	352	24	320	54	16	820	−3	21.9	22.8

注：* 剩余碱度以碳酸钙来表征，单位为 mg/L。剩余碱度根据水质组成计算得出，并四舍五入至整数。数据来源：伯顿——《麦芽与酿造科学》（*Malting and Brewing Science*）第一卷，多特蒙德——诺能编写的《新型拉格啤酒》（*New Brewing Lager Beer*），都柏林——《酿造者实践》（*The Practical Brewer*），爱丁堡——《新型拉格啤酒》（*New Brewing Lager Beer*），伦敦——韦斯特曼和辉格编写的《发酵工程》（*Fermentation Technology*），慕尼黑——《制麦与酿造科学》（*Malting and Brewing Science*）第一卷，比尔森——沃尔 · 海涅思的《美国便览》（*American Handy Book*），维也纳——《新型拉格啤酒》（*New Brewing Lager Beer*）。

7.1.1　电荷的平衡

一份可信的水质报告，其中的阳离子与阴离子的电荷总数应该相等（或基本相等，可以有少量误差）。评价电荷平衡的最便捷方法是用离子浓度除以电荷当量分子量后转化为毫当量浓度。水中的碱度最好完全以碳酸钙来表示——$CaCO_3$总碱度，如果以碳酸氢盐来表示的话则需要根据水的pH进行换算，然后才能得到最终碱度。假设水的pH在8~8.6，此时碳酸氢盐含量约占总碱度的97%。你可以通过简单的公式实现两种碱度表示方法之间的数值换算：$CaCO_3$碱度=$50 \times HCO_3^-/61$。如果水的pH没有给出，你可以假设水的pH在7.5~8.5（绝大多数水的pH都在这个范围内），然后再使用上面的参数进行换算，但这样水的总碱度可能会偏低。但这个值在误差（<1mEq）允许的范围内。更多关于电荷平衡以及碳酸盐种类分布的问题参见附录四。

如果阴离子与阳离子的电荷差大于1mEq/L，那么造成差异的原因可能是报告内的水质参数采集自一个城市不同的时间和地点，当然也有可能是其他原因造成的。

例如，表7.1中将多特蒙德的水质报告换算成毫当量浓度如下：

多特蒙德水样中离子组成（摘自表 7.1）

	Ca^{2+}	Mg^{2+}	HCO_3^-	Na^+	Cl^-	SO_4^{2-}	总计（+）	总计（-）
浓度 /（mg/L）	225	40	180	60	60	120		
毫当量浓度 /（mEq/L）	11.25	3.3	3.6	2.6	1.7	2.5	17.2	7.8

将所有阳离子的毫当量浓度相加，得到11.25+3.3+2.6=17.2。

将所有阴离子的毫当量浓度相加，可得3.6+1.7+2.5=7.8。

可见该水质报告中的离子数远远没有平衡。因此，报告中的离子浓度可能没有反映出真正的水质组成，尽管二者有时很接近。表7.2是来自多特蒙德另一水样的水质报告。

多特蒙德另一水样中离子组成（摘自表 7.2）

	Ca^{2+}	Mg^{2+}	HCO_3^-	Na^+	Cl^-	SO_4^{2-}	总计（+）	总计（-）
浓度 /（mg/L）	230	15	235	40	130	330		
毫当量浓度 /（mEq/L）	11.5	1.2	3.8	1.7	3.7	6.9	14.5	14.4

由此可见，阳离子和阴离子毫当量浓度的总和几乎是相等的。表7.1和表7.2两者之间最大的区别是氯离子和硫酸根离子的浓度。表7.1中的数据不一定是错的，但它是不平衡的，没有准确地描述出当地自然水源的水质组成。当重现一种酿造用水的时候，酿造者很难使离子浓度完全相同。但重现特定的水质并不是真正的目标。真正的目标是得到好喝的、特定风格的啤酒。此外，要记住，那个城市的酿酒师也可能对水质进行了改良。

下面的表格是一位水力资源工程专家、城市与环境工程师马丁·布伦加德经过仔细研究所得到的。表格中的水质参数应该更能反映每一座城市实际的水质组成（至少是每一座城市特定地点的水质组成）。比较这两张表我们会发现有一些不同。

表 7.2　　布伦加德报告的主要酿造城市水源的水质组成

城市 / 啤酒类型	Ca^{2+}	Mg^{2+}	HCO_3^-	Na^+	Cl^-	SO_4^{2-}	剩余碱度	阳离子总当量浓度 / (mEq/L)	阴离子总当量浓度 / (mEq/L)
比尔森 / 比尔森啤酒	7	2	16	2	6	8	7	0.7	0.9
都柏林 / 干型世涛	120	4	315	12	19	55	170	6.9	6.8
多特蒙德 / 出口拉格	230	15	235	40	130	330	20	14.5	14.4
维也纳 / 维也纳拉格	75	15	225	10	15	60	122	5.4	5.4
慕尼黑 / 慕尼黑黑啤酒	77	17	295	4	8	18	177	5.4	5.4
伦敦 / 英国苦啤酒	70	6	166	15	38	40	82	4.6	4.6
爱丁堡 / 苏格兰爱尔啤酒	100	20	285	55	50	140	150	9	9
伯顿 / 印度淡色爱尔啤酒	275	40	270	25	35	610	1	18.1	18.1

注：* 剩余碱度值以 $CaCO_3$ 表示，单位为 mg/L。剩余碱度值根据表格计算出来，然后四舍五入到最接近的整数。

7.1.2　对水源的信条

表7.1中阳离子与阴离子总当量浓度不相等的原因之一可能是表中数值为城市周围几个水源地的平均值。以特伦特河上游伯顿镇来举例，你可能已经听说过伯顿镇的水是酿造淡色爱尔啤酒的理想水源，并倾向于完全复制这种水来酿造最好的淡色爱尔啤酒。然而，深入挖掘该地区的历史后，我们会发现当地的水并不总是具有那么高的硬度和硫酸盐水平。斯蒂尔在《印度淡色爱尔啤酒：酿造技术、配方及其发展》(*IPA: Brewing Techniques, Recipes and the Evolution of India Pale Ale*) 一书中提到，早期伯顿镇的酿造业使用特伦特河附近深度大多为9m的浅井。但随着人口和酿酒工业的发展，河流和当地的水井被人类排泄物污染，为了找到干净的水，新挖掘的水井距河流更远也更深（30~60m）。来自沃辛顿的数据显示，深井水中硫酸钙的含量几乎是浅井水的3倍，而碳酸钙仅为浅井水的一半。

许多为酿造爱尔啤酒所使用的调节水质的现代方法可以追溯到特伦特河上

游伯顿镇酿造用水出现变化的那一时期。事实上，“伯顿化”一词是在1882年创造出来的。此外，《印度淡色爱尔啤酒》一书中引用了索斯比1885年所编著《酿酒实践系统手册》（*A Systematic Handbook of Practical Brewing*）中的表格。该表格比较了英国几个不同水源地的水质情况，例如，泥灰层上的伯顿水，泥灰层下的伯顿水，泰晤士河谷的深井水等（泥灰是一种黏粒或粉粒状的沉积物，含有高比例的方解石或其他钙质矿物）。在比较这些水源时，作者使用了一系列有趣的参数：“可以煮沸沉淀碳酸钙或碳酸镁”，“不能煮沸沉淀的石灰”，“硫酸”，“硝酸”等。显然，伯顿地区的酿酒师已采取措施来评价和调整水质，以满足他们的需求。

因此，盲目照抄这些水质表格中的参数是具有误导性的。为了酿造特定风格的啤酒而配制酿造用水时，了解当地的历史是一个很好的开端。

7.1.3 加热对脱碳酸盐的作用

加热和煮沸对水的硬度和碱度有很大的影响。本书第 4 章提到温度的上升会导致二氧化碳的平衡分压发生变化，CO_2从溶液中逸出，pH上升，进而导致碳酸氢盐向碳酸盐转变，使溶液中的碳酸钙过饱和。通常，直到钙离子或碳酸根离子达到1mEq/L时，碳酸钙沉淀才会形成。例如下面摘自表7.2中的慕尼黑水质组成。

城市	Ca^{2+}	Mg^{2+}	HCO_3^-	Na^+	Cl^-	SO_4^{2-}	剩余碱度	阳离子总当量浓度	阴离子总当量浓度
慕尼黑	77	17	295	4	8	18	177	5.4	5.4

表中钙离子和碳酸氢根离子浓度很高，剩余碱度与爱尔兰的都柏林相仿。那么为什么慕尼黑还能以酿造慕尼黑拉格淡啤酒和琥珀色的十月节啤酒而闻名呢？如第6章所述，答案之一可能是对水进行预煮沸。煮沸可使临时碱度沉淀，经滗析后水的碱度大大降低。正常大气压下（此时CO_2分压约为0.03~0.05kPa）碳酸钙的溶解情况通常为20mg/L的钙离子和50mg/L的碳酸根离子。因而，理想情况下，煮沸可以使水中的暂时硬度降至这一水平。钙离子和碳酸氢根离子以1：1的当量比例进行反应。将表中钙离子浓度除以当量分子量得到钙离子的浓度为3.85mEq/L，而碳酸氢根的浓度为4.81mEq/L。假如煮沸后水中钙离子的含量为1mEq/L（20mg/L），那么将有2.85mEq/L的钙和碳酸氢根

被去除，最终水中碳酸氢根浓度为4.81–2.85=1.96mEq/L，即120mg/L。煮沸后水质组成约为：

城市	Ca^{2+}	Mg^{2+}	HCO_3^-	Na^+	Cl^-	SO_4^{2-}	剩余碱度	阳离子总当量浓度	阴离子总当量浓度
慕尼黑	20	17	120	4	8	18	74	2.6	2.6

水的剩余碱度发生了很大变化，从177mg/L $CaCO_3$降至74mg/L $CaCO_3$。此时的水可能已经适宜淡色啤酒的酿造了。

7.1.4 《啤酒纯酿法》的作用

1516年，德国《啤酒纯酿法》的实施使得在淡色麦芽的基础上调节糖化醪的pH更加困难。《啤酒纯酿法》规定只能用水、麦芽、酒花和酵母四种原料来酿造啤酒，盐类和无机酸的添加是不被允许的。糖化醪的酸化只能依靠添加酸麦芽（向麦芽喷洒经乳杆菌发酵的麦汁并干燥制成）以及蒸煮过程（产生类黑素）来实现。许多酿酒师也采用在30~53℃条件下使麦芽汁长时间的酸休止的方法。该温度有助于提高植酸酶的酶活并促进乳杆菌的生长。

《啤酒纯酿法》和1993年颁布的《啤酒管理法》（*Biergesetz*）均禁止向啤酒用水中添加物质，但并没有禁止去除水中的元素。利用加热和熟石灰来脱去水中碳酸盐的做法在德国很常见。1841年，英国化学家托马斯·克拉克对利用熟石灰脱除碳酸盐的技术申报了专利。后来几项针对这一方法的改进也申请了几个类似的专利，但克拉克的方法经受住了时间的考验，至今仍在使用。石灰软化法可以同时去除水中的铁盐、镁盐和碳酸盐硬度。关于石灰软化法的更多信息见第 6 章。

最重要的是，特定的原料和酿造方法不应影响啤酒的风味。如何做出选择并达到最佳的平衡是酿酒师酿造艺术的体现。

7.2 风味离子的作用

假设酿造用水已经达到了我们的目标pH，下一个需要注意的问题是水中离子对啤酒风味的影响。啤酒中一些离子有很强的味道，如氯化物和硫酸盐；一些离子不会对风味产生显著影响，如钙离子；其他许多离子的浓度通常低于味觉阈值，如碳酸氢盐。有时，一个酿酒师仅能凭借离子对酒花或麦芽风味带来的不同影响来鉴别它们间的差异。

我们最关心的离子是钙、镁、碳酸氢盐（碱度）、钠、氯和硫酸根离子。所有的离子都是以盐的形式添加的，你不可能仅添加单一的离子而不添加相关的阳离子或阴离子。例如，当加入氯化钙时，同时加入了钙离子和氯离子。我们也很难做到仅增加软水的碱度而不显著提高其硬度或钠离子浓度。两全其美是很难的。

7.2.1 钙离子

钙离子对使用碱性水的酿酒师来说是非常重要的。钙离子与麦芽中的磷酸盐反应是糖化醪pH降低的主要原因。钙离子是无味的，而且钙还可以保护、稳定并促进糖化醪中酶的活性。此外，钙离子还有助于蛋白质的凝结、草酸的沉淀、酵母的代谢和絮凝以及沉渣的形成。水中钙含量需要足够高，才能在煮沸和发酵过程中保持足够的钙离子浓度。制备糖化醪的水中，钙的推荐浓度为50~200mg/L。用软水进行酿造时一个古老的经验法则是将2/3的矿物质添加到糖化醪中，另外的1/3煮沸时添加，这样可以使啤酒中有足够的钙离子以保证良好的澄清度。然而该法则并没有提及所添加矿物质的总量。钙（以及碳酸盐）通常不像钠或氯离子那样具有风味效果，但它在高浓度下容易呈现出类似瓶装矿泉水所含有的“矿物气味”。

7.2.2 镁离子

镁离子通常是以$MgSO_4$的形式添加的。因此，镁离子的添加同时也会提高啤酒中硫酸根离子的浓度。磷酸镁和氢氧化镁与碱式磷酸钙（羟基磷灰石）相比具有更高的溶解度，这导致镁离子降低糖化醪pH的能力仅为钙离子的一半。

酵母生长所需要的镁离子通常为5mg/L，然而大麦麦芽中的镁含量远远超过了这一水平（12°P麦芽汁中镁离子浓度可达100mg/L）。镁离子具有苦味，一些资料表明，40mg/L是啤酒中所允许含有的最高镁离子浓度。《EBC良好操作手册》（*EBC Manual of Good Practice*）第13卷“糖化与醪液分离”中提到“镁离子在低浓度下（$MgSO_4$浓度小于86mg/L）不会影响啤酒风味，而高浓度镁离子可以使啤酒产生一种令人不快的酸味和苦味”。一些酿酒师认为，啤酒中少量的镁有助于提高风味。据我们所知，没有专门的研究来确定镁离子的水平，但《EBC良好操作手册》的作者之一卡明斯基曾在黑啤酒如波特中加入过少量硫酸镁，使糖化醪用水中的镁离子浓度大于30mg/L。

7.2.3 硫酸盐

含有较多的硫酸盐是特伦特河上游伯顿镇水源的突出特点。虽然伯顿镇规定市政供水中硫酸盐浓度不能超过250mg/L，但有些井水中硫酸盐含量最高可达850mg/L。硫酸盐可以使啤酒花的风味特点更加干爽突出，但许多酿造者发现，极高浓度的硫酸盐降低了酒花的苦味并使啤酒具有矿物的味道。只有相对适中的硫酸盐浓度（200~400mg/L），才能既可以突出酒花的风味又能使啤酒的苦味更加悠长。然而，捷克和德国的许多拉格啤酒酿造商却完全不用硫酸盐，因为他们发现硫酸盐会破坏比尔森啤酒和清亮拉格啤酒酒花的柔软口感。酿造过程中添加硫酸盐的最常见方法是添加石膏。

7.2.4 氯化物

氯化物也经常被添加到酿造用水和啤酒中。它能赋予麦芽和啤酒一种更加圆润、饱满、甜美的风格。氯离子能以$CaCl_2$的形式添加至水中用来降低剩余碱度或者以$CaCl_2$或NaCl（使用非碘化盐，不含防结块剂）的形式在煮沸时添加，使麦芽的特征更加丰满。

当氯离子浓度大于100mg/L时，会腐蚀啤酒厂的设备（包括不锈钢制品）。浓度大于300mg/L时会对酒体、澄清度和胶体的稳定性产生负面影响。当氯离子浓度超过400mg/L时会严重影响啤酒的风味。当超过500mg/L时，发酵速率会降低。我们建议用于制备糖化醪的水中氯离子浓度不应超过200mg/L。

7.2.5 钠离子

钠离子浓度的升高在很多情况下是向水中添加必需的其他离子时所带来的附加效应。在添加碳酸氢钠或氢氧化钠来提高水中碱度的同时，会不可避免地加入钠离子。钠离子也是离子交换法所制备软水中常见的副产物，它几乎不受其他水处理技术的影响，也很难从水源中除去。虽然同类型的盐也能以钾盐的形式添加，但大麦麦汁中已经含有了高浓度的钾离子(10°P的麦汁中钾含量通常为400mg/L)。在低浓度的情况下，钠离子会使麦芽的口感变甜。根据《EBC良好操作手册》第13卷所述，当钠离子与氯离子（没有给出氯离子水平）同时出现的情况下，浓度大于150mg/L的钠离子会产生咸味。在低浓度(<150 mg/L)下，钠离子则能改善和丰富淡色啤酒的口感。《EBC良好操作手册》还指出，氯化钠对爱尔啤酒的影响比拉格啤酒要小。我们建议在制备糖化醪的水中，钠离子的浓度不应超过100mg/L。

7.3 硫酸盐/氯化物比值

啤酒中硫酸盐与氯化物的比例据说会显著影响酒花味与麦芽味或者啤酒干度与丰满度的平衡。也有人提出，二者的比例对酒体平衡的贡献比它们的实际浓度更为重要。然而，常识告诉我们，含有5mg/L的硫酸盐和1mg/L的氯化物，二者比值为5：1的啤酒，与同时含有5mg/L硫酸盐和氯化物的啤酒是难以区分的。显然，啤酒中硫酸盐和氯化物的浓度只有超过一定阈值（50~150mg/L），才能产生明显的效果。在设计一种新的淡色爱尔啤酒配方时，你首先想到的是产品应在柔和的麦芽风味中也伴随着清爽的酒花香，因此你会倾向于使硫酸盐与氯化物浓度均达到所允许的最大值（例如，400mg/L）。然而，高水平的硫酸盐和氯化物使啤酒口感粗糙，并具有矿物味道。在过去的十年里，卡明斯基通过在自己的酒吧里酿造淡色爱尔啤酒、小麦啤酒、印度淡色爱尔啤酒和其他一些产品探索了硫酸盐与氯化物比例对啤酒风格的影响，并做出以下总结。

（1）调节硫酸盐与氯化物的比值是平衡啤酒风味的有效手段。对爱尔啤酒来讲，二者的比例范围应在0.5~9。以良好的酒花味作为特点的淡色啤酒和淡色拉格啤酒则对硫酸盐更加敏感，一般具有较低的硫酸盐水平（<100mg/L）。

（2）硫酸盐与氯化物的比例并没有那么神奇——尽管一些文献声称二者的比例比浓度重要，然而30mg/L：30mg/L并不等同于300mg/L：300mg/L。

（3）根据我们的经验，氯化物影响啤酒风味的最低浓度约为50mg/L，最高可能是200mg/L。而硫酸盐影响啤酒风味的最低和最高浓度大概是50mg/L和500mg/L。

（4）应该注意的是，尽管一些著名啤酒所使用的水中硫酸盐含量超过了800mg/L，但许多人对高浓度的硫酸盐敏感，摄入后会引起肠胃不适。

测试啤酒中硫酸盐与氯化物的比例可以在玻璃杯中完成。一个简单的方法是拿几杯啤酒，分别加入不同剂量的$CaCl_2$和$CaSO_4$。为了方便操作，分别将一茶匙（几克）的$CaCl_2$和$CaSO_4$溶解到温水中（硫酸钙溶解比较困难，然而经过彻底搅拌，绝大部分最终会溶解）。用吸管或眼药水滴管将几毫升的一种或另一种溶液加入啤酒中品尝。你将会获得二者比例对啤酒风味影响的第一手资料。

7.4 从空白开始调制酿造用水

数百年来，啤酒酿造者一直在向酿造用水中添加无机盐。虽然盐的名称和单位可能已经改变，但添加的意图没有变，都是为了增加钙含量和控制碱度来提高啤酒的品质。与历史相比，今天的酿酒师可以非常容易地获取去离子水或反渗透水用于酿造水的配制。一般来说，这些处理技术能去除水中几乎所有的矿物质。但将这些经过处理的水暴露在空气中时，二氧化碳会溶入，水的pH会逐渐下降到5左右，就像雨水的pH一样。

添加硫酸钙和硫酸镁对酿造用水的离子贡献是非常直接的（如表7.3所示），二者均可以降低糖化醪的pH。硫酸钙较难溶于水，在发酵温度下，其饱和溶解度约为1.9~2.1g/L。硫酸钙的最佳溶解温度为40℃。

氯化钙是另一种常用于调节糖化醪pH和啤酒风味的无机盐，但计算氯化钙添加量时会面临两个问题：（1）氯化钙极易吸水，必需严紧密封，防止其形成结晶；（2）商品氯化钙纯度差别较大。二水氯化钙是最为常见的，可以高价从化学试剂商处购买。食品或水处理工业所用的氯化钙产品，其二水氯化钙含量为75%~80%，其余的部分为氢氧化钙、氯化镁、氯化钠和水。啤酒酿造属于食品工业，显然应使用食品级的氯化钙，但其中的杂质可能影响你的计算。

氯化钙的结晶水通常为两个，但在潮湿环境下它能吸收更多的水分。事实上，氯化钙是可以潮解的，最终会吸收足够多的水变为液态。重点是我们在计算氯化钙的离子贡献时需要将水分的质量和其他水合盐类的质量考虑在内。发酵常用盐类和水合盐类的离子贡献如表7.3所示。

由于种种原因，碳酸盐类的使用也面临很多问题。首先，碳酸钙（白垩）在实际操作过程中不溶于水。在标准温度和大气压下它的溶解度仅为0.05g/L。第4章中我们提到碳酸钙的溶解度随着水中所溶解二氧化碳含量的增加而增加，但采用这种方法增加碳酸钙溶解度是不切实际的。与水相比，虽然碳酸钙更易溶于糖化醪，但是碳酸钙溶于糖化醪后会迅速形成羟基磷灰石沉淀，显著影响它对碱度的贡献。实验结果也表明糖化醪中碳酸钙的添加是无效的。关于碳酸钙添加的问题我们在第6章有更为详细的讨论。向水或糖化醪中添加碳酸氢盐所面临的问题是：碳酸氢盐的解离或反应与p*K*a值有关（如第4章所述），添加后会面临碳酸盐种类和离子荷电量重新分配的问题（如第6章所述）。精确计算添加碳酸氢盐对碱度的贡献需要知道水的起始pH和最终pH，以及水中已经存在的碳酸盐种类和浓度。

表 7.3　　　　　　添加不同盐类对酿造用水的离子贡献

盐类（化学式）	1L 水中添加 1g	备注
碳酸钙 $CaCO_3$ Mw=100 （eqw=50）	400mg/LCa^{2+} 600mg/LCO_3^{2-} 20mEq/L 碱度	不要使用这一行的数据。原因见第 6 章。
碳酸氢钠 $NaHCO_3$ Mw=84 Ceqw=23 Aeqw=61	273.7mg/LNa^+ 710.5mg/L HCO_3^-@99% 11.8mEq/L 碱度 @99%	易溶解，可有效提高碱度。碱度增量与 pH 有关。具体见第 6 章。
氢氧化钙 $Ca(OH)_2$ Mw=74.1 Ceqw=20 Aeqw=17	541mg/LCa^{2+} 459mg/LOH^- 27mEq/L 碱度 剩余碱度增量 =19.3mEq/L	易溶于水。对碱度的贡献见第 6 章。也可使用熟石灰。
氢氧化钠 NaOH Mw=40 Ceqw=23 Aeqw=17	575mg/LNa^+ 425mg/LOH^- 25mEq/L 碱度	易溶解。提高碱度。有害化学物质！注意！使用前需查询化学品安全技术说明书。
氢氧化钾 KOH Mw=56.1 Ceqw=39.1 Aeqw=17	697mg/LK^+ 303mg/LOH^- 17.8mEq/L 碱度	易溶解。提高碱度。有害化学物质！注意！使用前需查询化学品安全技术说明书。
硫酸钙 $CaSO_4$ Mw=172.2 Ceqw=20 Aeqw=48	232.8mg/LCa^{2+} 557.7mg/LSO_4^{2-}	室温下溶解度为 2g/L。搅拌有助于溶解。可以降低糖化醪 pH。
硫酸镁 $MgSO_4 \cdot 7H_2O$ Mw=246.5 Ceqw=12.1 Aeqw=48	98.6mg/LMg^{2+} 389.6mg/LSO_4^{2-}	室温下溶解度为 225g/L。可以降低糖化醪 pH 值。
氯化钙 $CaCl_2 \cdot 2H_2O$ Mw=147.0 Ceqw=20 Aeqw=35.4	272.6mg/LCa^{2+} 482.3mg/LCl^-	易溶解。可以降低糖化醪 pH。食品级，可能含有其他盐类。
氯化镁 $MgSO_4 \cdot 6H_2O$ Mw=203.3 Ceqw=12.1 Aeqw=35.4	119.5mg/LMg^{2+} 348.7mg/LCl^-	易溶解。可以降低糖化醪 pH。食品级，可能含有其他盐类。
氯化钠 NaCl Mw=58.4 Ceqw=23 Aeqw=35.4	393.4mg/LNa^+ 606.6mg/LCl^-	易溶解。不要使用加碘或添加防结块剂的种类。

注：离子浓度的单位为 mg/L；Mw：分子量；eqw：当量分子量；Ceqw：阳离子当量分子量；Aeqw：阴离子当量分子量。

7.5 针对不同啤酒类型选择酿造用水

原理派生规则，规则派生指南。只有你真正了解了所从事的工作，规则才能起到作用。

——约翰·帕尔默

现在，你可能会说忘掉那些规则和指南吧，我只想有水可以用。不要担心，即使没有化学学位，你依然能为你的啤酒选择一种合适的水。除酸啤酒和橡木桶陈年啤酒外，表7.5和表7.6列出了绝大多数常见啤酒的水质配方。这些推荐的水质配方是根据作者的经验或通过计算得出的，代表了作者的观点，但并不能视作典范，需要带着审慎的态度去看待它们。酿造者应该将这些水质配方作为啤酒酿造实践的起点。

表格按照爱尔啤酒和拉格啤酒，以及烈度和颜色的不同对啤酒进行了分类，并给出了不同啤酒所需钙离子浓度、总碱度、硫酸盐和氯化物浓度，以及剩余碱度的数值范围。然而这些只是大概范围，并没有列出每一种啤酒的具体水质组成。例如，钙和碱度数值的组合并不能得到剩余碱度值。剩余碱度值在"剩余碱度"一栏列出。如果发现某些离子组合后所得到的剩余碱度值正好在推荐范围内，就认为展现个人酿造艺术和生产绝佳啤酒的机会来了，那请你忽略这一点。

表7.5和表7.6中没有给出钠离子和镁离子的推荐浓度。主要原因是特定风格的啤酒并没有一个固定的钠离子与镁离子浓度范围，另一个原因则是为了节省表格空间。钠离子可以影响啤酒风味，但就像食盐和食物一样，它影响啤酒风味的浓度阈值取决于个人的感受。低浓度的钠离子被认为可以提高啤酒的风味，使啤酒口感更加甜美。但高浓度的钠离子可能产生强烈的苦味和金属气味。我们通常建议钠离子的浓度不应超过100mg/L。最近，班福斯的调查结果显示，在25种商业啤酒中，钠离子的平均浓度水平为35mg/L；只有一种啤酒钠离子浓度达到127mg/L，超过了10~75mg/L这一常见的钠离子浓度范围。

有关酿造的文献资料同样也没有提到镁离子的推荐浓度范围。但班福斯的调查表明，商业啤酒中镁离子浓度介于3~118mg/L，平均值为74mg/L；他还指出啤酒中的镁离子主要来源于麦芽。由于城市供水中镁离子浓度通常较低，因此我们将不同种类水中的镁离子浓度统一估算为15mg/L来计算剩余碱度。和其他类型的啤酒不同，班福斯根据经验指出，波特啤酒、世涛啤酒和深色拉格啤酒中镁离子的推荐浓度约为30mg/L，并认为这一浓度的镁离子有助于改善上述三者的风味。但请带着怀疑的态度看待这一建议。

这些只是一个大概的描述，任何啤酒分类系统都不是完美的。同样程度的苦味在一种啤酒中被认为是强烈的，而在另一种啤酒中则可能被认为是温和的。啤酒分类单元中的一些特例以括号标示，例如，中度拉格/淡色啤酒分类单元中的多特蒙德出口啤酒。虽然波西米亚比尔森啤酒麦芽汁浓度处于中等水平，常常被独自归为一类，但我们在这里将其归类于低度拉格或淡色啤酒。具有极强酒花味的美国淡色爱尔啤酒、特殊淡色啤酒和印度淡色爱尔啤酒在相对密度和色度方面明显与其他爱尔啤酒不同，三者被归类于一个独立的分类单元。

与啤酒分类有关的指标及其数值范围见表7.4。

表 7.4　　与啤酒分类有关的指标及其数值范围

麦汁浓度	低度：初始相对密度为 30~45；中度：初始相对密度 45~65；高度：初始相对密度大于 65
颜色	淡色：0~9° SRM；琥珀色：9~18° SRM；棕色：18~35° SRM；黑色：大于 35° SRM
苦味	柔和：10~20 IBUs；中等：20~35 IBUs；强烈：36~100 IBUs
总碱度（以 $CaCO_3$ 计）	低：0~40mg/L；中：40~120mg/L；高：120~200mg/L
剩余碱度（库尔巴哈）	如表 7.5 所示
是否需要酸化	需要：通常需要添加酸来使糖化醪达到目标 pH，或需要将洗糟用水酸化避免溶出过多的单宁 也许需要：糖化醪通常不需要酸化，但根据谷物配方和洗糟用水碱度的不同，需要对洗糟用水进行酸化 不需要：糖化醪和洗糟用水通常不需要酸化。是否酸化洗糟用水一直由酿造者自由决定

注：如果酿造用水由反渗透水制备而成，制备过程没有人为提高碱度，那么通常不需要对洗糟用水进行酸化。

按照啤酒的颜色对其分类是非常复杂的。一个好的分类系统可能需要按2~3个色度的差别将啤酒分为多达8个类别。在这里我们采用了四种颜色描述，将其分为了三个类别。如此分类的原因可追溯至第5章探讨麦芽酸度与麦芽颜色关系的部分。淡色啤酒仅使用碱性麦芽，或包含某些轻度烘干的特殊谷物。比斯和特勒斯特的研究表明，在2~10个色度变化范围内，麦芽的酸度具有明显的区别；但当滴定终点pH为5.7时，不同种类麦芽的酸度总体上处于5~15mEq/kg。琥珀色啤酒（约9~18° SRM）通常含有较高比例的高焙焦或焦糖麦芽（一般也不超过15%）。而这些专用麦芽大多是中度烘干的（如慕尼黑麦芽、饼干麦芽、40号焦糖麦芽、60号焦糖麦芽和80号焦糖麦芽），当滴定终点为pH 5.7时，其酸度一般为10~50mEq/kg。高度焦糖化的麦芽酸度最高，如90号焦糖麦芽、120号焦糖麦芽和特种麦芽B，为40~80mEq/kg；但此类麦芽在深琥珀色、棕色和红宝石黑啤酒中的用量通常小于5%。焙烤麦芽在啤酒中的用量一般高于黑色焦糖麦芽，但很少超过10%。焙烤麦芽的酸度通常随着色度的提高而上升，为40~60mEq/kg（滴定终点pH为5.7）。德朗格使用滴定法深入研究了不同pH条件下，添加麦芽对糖化醪酸度和缓冲能力的影响（第5章）。其结果同时确认了不同种类麦芽（碱性麦芽、高焙焦麦芽和焙烤麦芽）的酸度大小和变化趋势。

根据这些酸度、物料配比和啤酒颜色的差异，淡色啤酒被归类为低酸度啤酒，而琥珀色啤酒归类为中等酸度啤酒，金色、棕色和黑色啤酒属于高酸度啤酒这一分类。对琥珀色、棕色和黑色啤酒谷物配方的分析表明，这些啤酒具有相似的酸度。当然，随着酿造配方的变化也有一些例外。重要的是上述表格给了你设计酿造用水的合理参照范围。在下一节中，我们将使用这些表格来举例说明一些典型啤酒的酿造。

推荐用于酿造拉格啤酒的水质见表7.5。

表 7.5　　推荐用于酿造拉格啤酒的水质

分类	颜色	苦味	钙离子/（mg/L）	碱度	硫酸盐/（mg/L）	氯化物/（mg/L）	剩余碱度	是否需要酸化	啤酒种类
低度拉格啤酒	淡色	柔和（强烈）	50	0~40	0~50	50~100	-60~0	需要	淡美式拉格啤酒、标准美式拉格啤酒、慕尼黑清亮拉格啤酒、（波西米亚比尔森啤酒）
中度拉格啤酒	淡色	中等 强烈	50~75 (75~150)	0~40 (40~80)	50~150	50~100	-60~0 -30~30	需要	美式顶级拉格啤酒、德式比尔森啤酒、经典美式比尔森啤酒，（多特蒙德出口拉格）
中度拉格啤酒	琥珀色	柔和 中等	50~75	40~120	0~100	50~150	0~60	也许需要	维也纳拉格啤酒、十月节啤酒
中度拉格啤酒	棕色/黑色	柔和 中等	50~75	80~120	0~50	50~150	40~80	不需要	美式黑啤酒、慕尼黑黑啤酒、德式黑啤酒
高度拉格啤酒	琥珀色	柔和 中等	50~75	40~80	0~100	50~150	0~60	也许需要	浅色博克啤酒、传统博克啤酒、双料博克啤酒
高度拉格啤酒	棕色/黑色	柔和 中等	50~100	80~150	0~100	50~100	60~120	不需要	传统博克啤酒、双料博克啤酒、冰博克啤酒、波罗的海波特啤酒

推荐用于酿造爱尔啤酒的水质见表7.6。

表 7.6　　推荐用于酿造爱尔啤酒的水质

分类	颜色	苦味	钙离子/(mg/L)	碱度	硫酸盐/(mg/L)	氯化物/(mg/L)	剩余碱度	是否需要酸化	啤酒种类
低度爱尔啤酒	淡色	中等	50~100	0~80	100~200	50~100	-60~0	需要	金色爱尔啤酒、美国小麦啤酒、标准苦啤酒、顶级苦啤酒
低度爱尔啤酒	琥珀色	柔和中等	50~150	40~120	100~200	50~100	0~60	也许需要	英式淡爱尔啤酒、苏格兰爱尔啤酒60/70/80、标准苦啤酒、顶级苦啤酒
低度爱尔啤酒	棕色/黑色	中等	50~75	80~150	50~150	50~100	30~90	也许需要	英式棕色爱尔啤酒、棕色波特啤酒、干型世涛啤酒
中度爱尔啤酒	淡色	柔和中等	50~100	0~80	0~50	0~100	-30~0	需要	德式小麦啤酒、比利时白啤酒、奶油爱尔啤酒、金色爱尔啤酒、科隆啤酒
中度爱尔啤酒	淡色	中等强烈	50~150	40~120	100~400	0~100	-30~30	也许需要	美国淡色爱尔啤酒、美式XPA，夏季啤酒、美式印度淡色爱尔啤酒、双倍印度淡色爱尔啤酒
中度爱尔啤酒	琥珀色	中等强烈	50~150	40~120	100~300	50~100	0~60	不需要	老啤酒、蒸汽啤酒、爱尔兰红色爱尔啤酒、美式琥珀爱尔啤酒、英式印度淡色爱尔啤酒、黑麦啤酒、比利时淡色爱尔啤酒、夏季啤酒
中度爱尔啤酒	棕色/黑色	中等强烈	50~75	80~160	50~150	50~150	60~120	不需要	美式棕色爱尔啤酒、英式棕色爱尔啤酒、棕色波特啤酒、烈性波特啤酒、干型世涛啤酒、甜型世涛啤酒、燕麦世涛啤酒、海外特浓世涛啤酒、美式世涛啤酒、黑色小麦啤酒
高度爱尔啤酒	淡色	中等	50~100	0~40	50~100	50~100	-30~0	也许需要	比利时金色爱尔啤酒、烈性金色爱尔啤酒、比利时三料啤酒

续表

分类	颜色	苦味	钙离子 /（mg/L）	碱度	硫酸盐 /（mg/L）	氯化物 /（mg/L）	剩余碱度	是否需要酸化	啤酒种类
高度爱尔啤酒	琥珀色	中等强烈	50~100	40~120	50~100	50~150	0~60	不需要	烈性苏格兰爱尔啤酒、法国啤酒、双料啤酒、老爱尔啤酒、大麦酒
高度爱尔啤酒	棕色 / 黑色	中等强烈	50~75	120~200	50~150	50~150	120~200	不需要	波罗的海波特啤酒、海外特浓世涛啤酒、美式世涛啤酒、俄罗斯帝国世涛啤酒、小麦博克啤酒、比利时烈性深色爱尔啤酒、老爱尔啤酒

7.6 调整酿造用水以匹配啤酒风格

在本节中，我们将介绍三种啤酒（美国淡色爱尔啤酒、比尔森啤酒和海外特浓世涛啤酒），并根据表7.5和表7.6中的指南，举例说明应该如何调整水源水来适应特定的啤酒风格。每一种酿造情况你都面临多种选择，我们将讨论这些选择的利弊以使你能更好地理解如何调整酿造用水。评估这些选项并做出决定是体现酿造者艺术的一部分。

在开始之前，记住下面这些忠告。

（1）目标是酿造好喝的啤酒；

（2）简单的东西往往带给人们更多的享受——不要让啤酒过度矿化；

（3）不要指望第一次就能做到水和配方的完美搭配。通常需要3~5个批次的发酵来对配方进行调整。

（4）室温下糖化醪的目标pH是5.2~5.6。任何时候调节酿造用水后，都要使用校正过的pH计对冷却后的糖化醪或麦芽汁进行测量，确保其pH仍在目标范围内。

（5）发酵前液体的最终pH应在5.8以下，并且相对密度应大于1.008，以防止提取出不良风味物质。应使用pH计对过滤后的、冷却的样品进行测定，确保发酵前的最终pH符合要求。

可能还有其他的一些准则，例如：

谨慎是获得更好啤酒风味的一部分；

不要做出与市场格格不入的产品；

改良水质前应多次测量，然后一次性添加适量的矿物盐；

不要害怕失败，但也不要做得太过火，应遵守基本规则。

计算剩余碱度

库尔巴哈剩余碱度方程中剩余碱度的定义为：当钙离子或镁离子与磷酸反应形成沉淀后，释放的质子所能中和碱度的当量数。总碱度通常以碳酸钙的浓度（mg/L）来表示，以碱度的毫当量乘以碳酸钙的当量分子量得出。

有时候硬度参数后面有这样的备注“使用 $CaCO_3$ 来表征总硬度”。遗憾的是，由于钙和镁对剩余碱度的影响并不相等——镁离子的影响是钙离子的一半，所以这个参数并不是非常有用。因此，需要将钙、镁离子的浓度明确以 mg/L 为单位单独列在水质报告上。水质报告上的离子浓度必须先转换为 $CaCO_3$ 的 mg/L 浓度来匹配碱度单位，然后才能用于经典剩余碱度方程：RA= 碱度 -｛［$\rho(Ca^{2+})/3.5$］+［$\rho(Mg^{2+})/7$］｝的计算，或者将全部的离子浓度转换为毫当量浓度再进行计算。这些计算的基本过程可见附录。

为了让剩余碱度的计算更为容易，下面的方程式已经过转换，可以直接使用钙、镁离子的 mg/L 浓度计算得到水中的总碱度（总碱度以碳酸钙来表征，单位为 mg/L）。

RA= 总碱度 $-\rho(Ca^{2+})/1.4-\rho(Mg^{2+})/1.7$

7.7 酿造美国淡色爱尔啤酒

我们要尝试酿造的第一种啤酒是美国淡色爱尔啤酒。这种啤酒看起来很容易酿造，并且对酿造工艺的敏感度不高，但水依然可能决定着最终的成败。假设谷物原料中含有不超过15%的特种麦芽，如慕尼黑麦芽、饼干麦芽和焦糖麦芽（C40），所酿造啤酒的色度为7 SRM，初始相对密度为1.052或麦芽汁浓度为13°P。

第一步是得到一份水质报告。举例如下：

水质报告

pH　7.8

70　Ca

15　Mg

125　　$CaCO_3$总碱度

35　　Na

55　　Cl^-

110　　SO_4^{2-}

66　　RA（计算得出）

第一眼看上去，该水质可以不经调节直接用于酿造。钙含量高于下限浓度，镁的浓度水平也不错，硫氯比是2：1。碱度中等偏上，但不是非常高。

表7.1对中度淡色爱尔啤酒的水质建议如下：

50~150 Ca（初始水样达到目标范围）

40~120总碱度（初始水样稍微高一点，但非常接近）

100~400硫酸盐（初始水样达到目标范围）

50~100氯化物（初始水样达到目标范围）

–30~30RA（初始水样偏高）

酸化——根据具体情况而定（一般不需要添加酸来调节糖化醪的pH，但是有可能需要对洗糟用水进行酸化，这取决于谷物配方和洗糟用水的碱度。）

你可以直接用这样的水来酿造淡色爱尔啤酒，许多酿造者也会这么做，但是水中较高的剩余碱度可能导致糖化醪的pH很难达到目标范围（例如：pH 5.4）。如果糖化醪pH偏高，麦汁pH也会偏高，进而导致煮沸过程产生粗糙的苦味。pH偏高的糖化醪也会导致啤酒具有较高的pH；即使啤酒的最终pH仍在目标范围内，但这已足够使其口感变得乏味。糖化醪具有合适的pH通常也就意味着麦汁和啤酒也会具有合适的pH。因此，本小节的问题就变成了如何才能降低示例水样中的剩余碱度。

我们有下面几个选项：

（1）提高水的硬度。

（2）将碱度稀释，然后增加硬度。

（3）将水酸化。

7.7.1　提高水的硬度

最容易的做法是使水具有更高的硬度。淡色爱尔啤酒硫酸盐与氯化物的比例可以高至3：1，然而目前水样的硫酸盐浓度在建议范围的下限附近。我们添加硫酸钙把水中钙离子浓度提高到100mg/L，看看能得到什么结果。

（1）根据表7.3中的数据，将1g硫酸钙加入1L水中，钙离子和硫酸根离子的浓度分别会增加232.8mg/L和557.7mg/L。所以我们只需要向每升水中添加约0.13g硫酸钙来弥补钙离子含量的不足。

（30mg/L）/［232.8mg/（L·g）］=0.49g。

向每升水中添加0.13g硫酸钙对钙离子的贡献为：0.13g × 232.8mg/L Ca/g = 30.3mg/L Ca。

水中钙离子浓度最终为30.3+70=100.3mg/L。

向水中添加钙离子后剩余碱度如何变化呢？

$$RA（CaCO_3）=125-（100.3/1.4）-（15/1.7）=44.5mg/L$$

这样剩余碱度值就比较接近所推荐的数值范围了，但仍然超出了最高限度。目的啤酒的色度只有7°SRM，是一款颜色非常浅的爱尔啤酒。我们可能需要将剩余碱度进一步降低到所推荐范围的中间值附近，以使糖化醪具有恰当的pH（5.4左右），并最终使啤酒风味得到最好的展示。

（2）调整水中钙离子浓度，使其达到所推荐范围的最高值（150 mg/L）。看一下此时剩余碱度是多少。

$$RA（CaCO_3）=125-（150/1.4）-（15/1.7）=9mg/L$$

这样的剩余碱度就非常不错了。

使水中钙离子浓度达到150mg/L所需要添加硫酸钙的质量=（150mg/L-70mg/L）/［232.8mg/（L·g）］=0.34g（每升）

将0.34g硫酸钙加入1L水中，硫酸根离子的浓度将会升高191mg/L，使水中硫酸根离子的总浓度达到110+191=301mg/L。

这样的硫酸根离子浓度处在酿造酒花味浓郁的淡色爱尔啤酒的推荐范围之内。

调整后的水样更加符合酿造指南，值得去试一试在这种钙离子浓度下所酿造的啤酒品质如何。由于所制备基础麦芽去离子水的pH以及不同麦芽生产商特定麦芽的酸度不同，醪液和啤酒的pH均很难预测。因此，作为试验的一部分，测定醪液和啤酒的pH非常重要。调整后的水质可能会酿造出优质的啤酒，也可能使啤酒尝起来比较平淡或具有矿物味道。你需要在实践中优化调整。

7.7.2 稀释并增加硬度

这一选项首先是用蒸馏水或反渗透水以1:1的比例来稀释水样，然后添加钙盐使硬度回到推荐范围内。

（1）该方法与7.7.1非常相似，稀释后的水质参数如下：

稀释后的水（50% RO 水）

35　　Ca

8　　Mg

63　　$CaCO_3$总碱度

18　　Na

28　　Cl^-

55　　SO_4^{2-}

33　　RA（计算得出）

（2）向每升稀释后的水中添加0.264g硫酸钙（每升添加1g硫酸钙离子的贡献：232.8mg/L Ca^{2+}，389.6mg/L SO_4^{2-}），所得水质参数如下：

调整后的水质

97　　Ca

8　　Mg

63　　$CaCO_3$总碱度

18　　Na

28　　Cl^-

202　　SO_4^{2-}

−11　　RA（计算得出）

用这种水再来酿造啤酒，并将其与第一种啤酒相比较，评价一下二者味道。少数情况下，这种酿造用水会使糖化醪的pH比推荐pH低10%~20%，进而使剩余碱度降低。对糖化醪pH进行检测后，可以根据需要适当减小水样的稀释度，或在稀释后添加少量的碳酸氢钠来解决这一问题。

7.7.3 酸化

酸化在技术上是最具挑战性的，但如果糖化锅上有可靠的pH计，这种方法常常会成为许多酿酒商的首选。示例水样的问题是碱度和剩余碱度偏高，进而增加了糖化醪和洗糟水的pH，最终可能导致啤酒风格不鲜明，口感更苦而且粗糙。

起始水质参数如下：

70　　Ca

15　　Mg

125　　$CaCO_3$总碱度

35　　Na

55　　Cl^-

110　　SO_4^{2-}

pH　　7.8（来源于水质报告）

RA=66（计算得出）

（1）附录二中附图2.2（100mg/L碱度）和附图2.3（150mg/L碱度）展示了酸化前后水样pH变化对碱度的影响。在本例中，需要采用硫酸将其pH从初始的7.8调整至5.75，图中Y轴为硫酸的量。参照pH 5.75曲线并查找X轴pH 7.8对应的值。附图2.2指示其对应20mg/L $CaCO_3$碱度，而在附图2.2中对应30mg/L $CaCO_3$碱度。逻辑上讲，125mg/L的总碱度以碳酸钙来计约为25mg/L。附图2.2和附图2.3中的曲线也可采用插值法用于其他水样的计算。在调整碱度时需要添加多少酸呢？附录二展示了详细的计算过程。简单举例，如何将125mg/L的总碱度降低至25mg/L？调整前后水样总碱度的差值为100mg/L或2mEq/L，因此需要添加2mEq/L浓度的酸液。所需酸的量的计算同样见附录二。

（2）假设其他水质参数没有发生改变，我们可以经过重新计算，得到酸化处理后（pH 5.75）水样中的剩余碱度：

调整后水质参数：

70　　Ca

15　　Mg

25　　$CaCO_3$总碱度

35　　Na

55　　Cl^-

110　　SO_4^{2-}

pH　　5.75

RA=25–（70/1.4）–（15/1.7）=–34

这一剩余碱度值低于表7.1的推荐范围，但没有偏离内华达山脉淡色爱尔啤酒的酿造条件。用这一水样去实践一下，测量一下实际的糖化醪pH，看最后结果如何。三种选择相比，这一种选择可能会产生最好的啤酒。

7.8 酿造比尔森啤酒

比尔森啤酒是对酿造工艺敏感度最高的啤酒类型之一。从历史上看，它总是由最软的水制成，酿造用水中几乎没有任何矿物质。根据表7.1，此类啤酒所推荐的水质参数如下：

50　　　Ca（最低）

0~40　　碱度

0~50　　硫酸盐

50~100　氯化物

–60~0　 RA

这种水质参数基于相对密度较低的啤酒总结而来。低相对密度啤酒（比尔森啤酒不包含在内）具有柔软而突出的麦芽风格，并伴随着柔和的苦味。对这种啤酒风格的描述与比尔森啤酒带给人们的感受非常相似。与印度淡色爱尔啤酒不同，比尔森啤酒通常口感柔和、丰满，具有明显而恰当的苦味，而且感受不到任何矿物盐的风格。

基于此描述，我们需要将示例水样做轻微的调整。我们已经知道水中需要有一定浓度的钙离子来提高发酵表现并使酒体澄清，但我们真的需要50mg/L这么多吗？使用低浓度钙离子给啤酒澄清度带来的影响可以借助贮藏过程来改善。如果计划使用不含碱度的水来进行酿造，也许我们可以把钙离子浓度调低到30mg/L。因为麦芽可以提供较多的镁离子（麦芽汁浓度为10°P，相对密度为1.040时，镁离子浓度约为70mg/L），所以我们可能不需要向水中额外添加镁。

比尔森啤酒需要有鲜明而恰当的酒花味，因此应该避免硫酸盐的添加。丰富的麦芽味是此类啤酒所需要的，所以可以接受水中含有一定程度的氯离子，但是我们将把氯离子浓度控制在建议范围的下限附近，尽可能保持酿造用水矿化程度低的特点。

大多数酿酒师只能使用加有少量盐的反渗透水来酿造这种风格的啤酒。在不添加硫酸根离子的情况下提高钙离子浓度，最好方法是使用氯化盐。尽管纯粹主义者可能会避免氯化钙的添加，然而适量的氯化钙可以提高啤酒的丰满感和透明度，缩短啤酒的贮藏时间。当然，如何做决定是具有艺术性的。

唯一的选择——配制酿造用水

根据表7.3中数据，我们知道：

1L水中添加1g氯化钙，钙离子和氯离子浓度分别提高272.6mg/L和482.3mg/L。

如果我们目标水质组成如下：

30mg/L　　Ca^{2+}

0mg/L　　Mg^{2+}

0mg/L　　总碱度

0mg/L　　硫酸盐

假设我们想要处理10L的水。使10L水中钙离子浓度为30mg/L，所需氯化钙的质量为：

（30mg/L）/（272.6mg/L）×10L=1.1g氯化钙。

1.1g氯化钙添加到水中氯离子浓度是多少呢?

1.1g×（482.3mg/L）/10L=53.1mg/L Cl^-。

氯离子浓度处于所建议范围的下限，所以我们达到了预期目标。

计算盐添加量最简单的方法是使用电子表格程序，例如，马丁·布伦加德建立的“Bru'n Water”，或者使用“BeerSmith”或“BeerTools”这样的配方软件。

由于酿造过程使用的是浅色麦芽，糖化醪可能需要酸化才能达到目标pH。在德国，传统的做法是使用酸麦芽来提高糖化醪的酸度。酸麦芽的建议使用量约为谷物的2%。另外，建议在好的pH计的辅助下进行酸化。

上述酿造用水不含碱度，麦芽中的磷酸盐可以在洗糟过程中提供缓冲能力，保持pH的稳定。一旦流出液体的pH超过5.8，停止洗糟过程，将剩余液体收集至桶中并定容至足够的体积。这样操作，啤酒的损失非常少，而且风味也会更好。下一次酿造时，你可能想使用更多的谷物来提高啤酒产量，或者将洗糟用水酸化来防止pH升高。但是请记住这是一款拉格啤酒，它的风格受贮藏过程的影响，过高的单宁含量会逐渐沉淀，啤酒味道会变得柔和。

7.9 酿造海外特浓世涛啤酒

一般来说，黑啤酒都是在高碱度水源区酿造的。这是因为水中较高的碱度可以被深色麦芽的酸度所平衡。在这个例子中，假设我们欲酿造一种初始相对密度为1.075，原料中含有7%的中度焦糖麦芽和7%焙烤麦芽的海外特浓世涛啤酒。这种啤酒被归类为烈性爱尔啤酒，呈棕色或黑色，带有适度的苦味。

初始水质参数：

40mg/L	Ca
9mg/L	Mg
100mg/L	$CaCO_3$总碱度
140mg/L	Na
60mg/L	Cl^-
245mg/L	SO_4^{2-}
pH	9
66	RA（计算得出）

目标水质参数：

50~75mg/L	Ca（初始水样偏低）
30mg/L	Mg*（初始水样偏低）
<100mg/L	Na*（初始水样偏高）
120~200mg/L	总碱度（初始水样偏低）
50~150mg/L	SO_4^{2-}（初始水样偏高）
50~150mg/L	Cl^-（初始水样偏低）
120~200	RA（初始水样偏低）

注：*正文中所建议的。

此类啤酒的酿造不需要酸化。

这是一个很有意思的案例，初始水样硬度偏低，碱度适中，而钠离子和硫酸根离子浓度偏高。网络上该市的水质报告显示，其水处理厂采用离子交换的方法将水软化，用钠离子取代了含量偏高的钙离子和镁离子。水的离子交换软化法详见第8章。

在酿造风味浓郁的海外特浓世涛啤酒时，我们需要酿造用水中有足够的碱度来中和焦糖麦芽和焙烤麦芽中的酸。如果碱度不足，糖化醪pH就会偏低，使啤酒呈现出单一的焙烤麦芽的风格（偏酸并产生类似咖啡的气味）。正常情况下，这种啤酒应该是甜美诱人的，口感丰满且平和。然而，高浓度的硫酸盐也会带来问题——硫酸盐会使酒花味干爽突出，影响此类啤酒应有的风格。

为了正确地酿造这种啤酒，我们需要增加酿造用水中的总碱度和剩余碱度。此外，最好能将钙离子和镁离子的浓度分别提高到50mg/L和30mg/L。在这里，我们不再具体说明如何增加水中的硬度。基于前面酿造美式淡色爱尔啤酒的案例，增加水的硬度是比较容易的；在下面的示例中，我们会计算出向水中添加碱度时所伴随的水中硬度的增加。具体的计算过程交由读者完成。

选项：

（1）增加碱度。

1a. 使用Ca（OH）$_2$增加碱度——库尔巴哈剩余碱度法

1b. 使用Ca（OH）$_2$增加碱度——Z剩余碱度法

1c. 使用NaOH增加碱度——库尔巴哈剩余碱度法

1d. 使用$NaHCO_3$增加碱度——Z剩余碱度法

（2）酿造一款不同的啤酒。

7.9.1 选项1——增加碱度

选项1a. 使用氢氧化钙增加碱度——库尔巴哈剩余碱度法

添加碱来提高剩余碱度是很棘手的。如第6章所述，你可以选择碳酸盐、碳酸氢盐或氢氧化物。由于碳酸钙的添加被证明是无效的，所以这个选项被排除在外。碳酸氢钠可直接添加到水或糖化醪中来提高碱度，但初始水样中的钠离子浓度已经很高。使用碳酸氢钠后水质的变化我们将在选项1d中讲述。氢氧化钙似乎是个不错的选择。氢氧化钙所带来的钙离子硬度会抵消一部分碱度的增加，但初始水样钙离子浓度为50mg/L，为推荐范围内的最低值。

因此，选择氢氧化钙（熟石灰）可能是最恰当的。在选项1a和1b中，我们分别使用库尔巴哈剩余碱度法和Z剩余碱度法来计算氢氧化钙添加后水质参数发生的变化；在选项1c中，我们选择添加氢氧化钠。添加氢氧化钙和氢氧化钠的目的均为将水的剩余碱度提高到建议范围（120~200mg/L，以$CaCO_3$计）。但经过比较你会发现二者的区别。

在第一个选项中，我们将计算需要添加多少氢氧化钙才能使水中的库尔巴哈剩余碱度达到150mg/L（$CaCO_3$）。

（1）初始水样中剩余碱度为66mg/L（$CaCO_3$）或1.32mEq/L。我们想把它的含量提高到150mg/L（$CaCO_3$）或3mEq/L，需要增加的剩余碱度为：

150−66=84mg/L $CaCO_3$（1.68mEq/L）。

（2）根据表7.3，将1g氢氧化钙添加到1L水中，水中剩余碱度的增量为19.3mEq/（g・L）。欲使水中剩余碱度增加1.68mEq/L，需要的氢氧化钙浓度为（1.68mEq/L）/[19.3mEq/（g・L）]=0.087g/L。

（3）将所需的氢氧化钙浓度乘以水的总体积，我们就可以得到本批次发酵用水中所需要添加氢氧化钙的质量。

采用添加氢氧化钙增加剩余碱度的一个好处是其他离子的浓度没有发生变化，钙离子的增加在计算剩余碱度增量时已经被考虑在内。

调整后的水样：

40 mg/L	Ca
9 mg/L	Mg
*X*mg/L	$CaCO_3$总碱度
140 mg/L	Na
60 mg/L	Cl^-
245 mg/L	SO_4^{2-}
150 mg/L	$CaCO_3$剩余碱度

最后，计算出水中的总碱度：

$$150=X-（40/1.4+9/1.7）$$

因此，X=150+（40/1.4+9/1.7）=183.8mg/L $CaCO_3$，符合所推荐的碱度范围。调整后水中钙离子的浓度仍偏低，可以通过添加氯化钙的方式使其提高，但最好先用这一水样做个测试，测量所得糖化醪的pH，根据啤酒的味道再决定如何做出调整。

选项1b. 使用氢氧化钙增加碱度——Z剩余碱度法

与传统的碱度计算方法不同，在新的剩余碱度预测模型（Z模型）中，通过增加碱度的方法来调整糖化醪酸度时需要将目标pH考虑在内。在这个例子中，我们的目标pH为5.4。

（1）工作第一步是计算水中碳酸盐总量（c_T）。

$$c_T=\frac{\text{总碱度}}{50\times\text{碳酸盐当量浓度变化}（\Delta c_0）}$$

水的pH为9，因此根据图6.3可知，

$$\Delta c_0=-0.01-（-1.04）=1.03$$

$$c_T=\frac{100}{50\times1.03}=1.94$$

（2）计算水的Z碱度和Z剩余碱度。

$$Z_{5.4}=c_T \times \Delta c_Z=1.94 \times [-0.1-(-1.04)]=1.82\text{mEq/L}$$

（3）计算钙离子和镁离子的浓度（mEq/L）。

$$c(Ca^{2+})=40/20=2\text{mEq/L}$$
$$c(Mg^{2+})=9/12.1=0.74\text{mEq/L}$$

（4）Z剩余碱度=1.82–（2/3.5+0.74/7）=1.14mEq/L。

要把剩余碱度提高至150mg/L（$CaCO_3$），或3mEq/L，我们所需添加的剩余碱度为3–1.14=1.86mEq/L。

（5）如选项1a所述:

根据表7.3中数据，添加氢氧化钙至浓度为1g/L时，水中剩余碱度的增量为19.3mEq/（g·L）。因此，所需的氢氧化钙浓度为（1.86mEq/L）/［19.3mEq/（g·L）］=0.096g/L。

注意，使用Z剩余碱度法计算得到的氢氧化钙添加量大于库尔巴哈碱度法计算得到的结果。

选项1 c. 利用氢氧化钠增加碱度——库尔巴哈法

氢氧化钠是最强的碱，利用氢氧化钠来提高水的碱度可以使水中钠离子的增量最小化（尽管你可以用氢氧化钾来实现钠离子的零增长，但乐趣何在呢?）。

（1）我们以选项1a中的第一步为基础开始我们的计算。将剩余碱度升高至3mEq/L，所需剩余碱度的增量为1.68mEq/L。

（2）氢氧化钠是一个强碱，它的电荷量是1mEq/mmol。从表7.3可知，水中添加氢氧化钠所带来的碱度增量是25mmol/（g·L），即25mEq/（g·L）。

1.68除以25，即可得到所需氢氧化钠的浓度：

使水中剩余碱度增加至3mEq/L，所需氢氧化钠的浓度为1.68/25=0.067g/L。

（3）计算钠离子浓度的增加。

$$0.067 \times 575\text{mg/L}=38.5\text{mg/L}$$

注意：如第6章和附录三所述，也可以使用1mol/L的氢氧化钠溶液来向水中添加氢氧化钠。1mol/L的氢氧化钠溶液碱度为1mEq/mL。因此，使水中的剩余碱度增加1.68mEq/L，每升水中所需添加的氢氧化钠溶液体积为1.68mL。

选项1 d. 采用碳酸氢钠增加碱度——Z碱度法

我们仅仅举例说明一下碳酸氢钠添加对剩余碱度的影响。c_T值和Z碱度已在选项1b中计算获得：

$$c_T=100/50 \div 1.03=1.94\text{mmol/L}$$

$$Z_{5.4}\text{碱度}=c_T \cdot \Delta c_Z=1.94 \cdot [(-0.1)-(-1.04)]=1.82\text{mEq/L}$$

$$Z\text{剩余碱度}=1.82-(2/3.5+0.74/7)=1.14\text{mEq/L}$$

（1）碳酸氢盐的Δc_Z是[（-0.1）-（-1.0）]。无论水的pH如何变化，碳酸氢盐的初始电荷量总是-1.0mEq/mmol。因此，Δc_Z=0.9mEq/mmol。

（2）碳酸氢钠添加后碳酸盐的总浓度（c_T）是11.9mmol/（g・L）。$c_T \times \Delta c_Z$得到1g碳酸氢钠添加后Z碱度的增量为11.9×0.9=10.7mEq/L。

（3）从选项1b中我们知道，需要将碱度提高1.86mEq/L使其达到3mEq/L，所以水中所需的碳酸氢钠浓度为:

$$1.86/10.7=0.174\text{g/L}$$

（4）0.174 g/L的碳酸氢钠使水中钠离子浓度升高0.174×273.7=47.6mg/L+140mg/L=187.6mg/L，这已经超过了所推荐钠离子浓度的上限。如果我们使用库尔巴哈法计算碳酸氢钠的添加量，如选项1a所示，所需碳酸氢钠的浓度将是11.8mEq/L，而不是10.7mEq/L；此时所需碳酸氢钠的浓度为0.158g/L，而钠离子的增量则是43mg/L。

正如你所看到的，在计算碱度的添加量时，有许多不同的选择，不同的选择也带来了不一样的影响。使用库尔巴哈法是最为直观的，而使用Z碱度法来计算碳酸氢钠的添加是最为复杂的。你可以自由选择碱度计算方法，不同方法计算得到的结果差异不大。重要的是能根据需要做出合理的决定，然后将改善后的水用于酿造，测定糖化醪的pH，并最终根据啤酒质量做出反馈。建立目标—制定计划—检测结果，重复上述步骤直到获得令自己满意的啤酒。

7.9.2 选项 2——酿造一款不同的啤酒

含有较高浓度硫酸根离子的初始水样可能更适于具有突出酒花风格的美式世涛啤酒的酿造。但是，硫酸根离子与氯离子的含量都很高时，所酿制的啤酒会产生粗糙的苦味。所以用这种水酿造具有强烈酒花风格的啤酒也是不合适的。

酿造美式琥珀色爱尔啤酒可能是一个不错的选择。与美式世涛啤酒相比，美式琥珀色爱尔啤酒麦芽风格没有那么突出，酿造过程也使用中等焦糖麦芽来保证酸度。其色度为13°SRM，酿造用水中剩余碱度的推荐范围是0~60。

初始水样水质参数：

40mg/L　　Ca

9mg/L　　Mg

100mg/L　　总碱度

140mg/L　　Na

60 mg/L　　Cl^-

245 mg/L　　SO_4^{2-}

pH　　9

66　　RA（计算得出）

目标水质参数：

50~150mg/L　　Ca（初始水样偏低）

40~120mg/L　　总碱度（初始水样达到目标）

100~200mg/L　　SO_4^{2-}（初始水样偏低）

50~100mg/L　　Cl^-（初始水样偏低）

0~60　　RA（初始水样偏高）

这类啤酒的酿造通常不需要酸化。

现在，我们有了向水中添加钙离子和氯离子的操作空间，可以在不影响水中剩余碱度的情况下提高水的硬度，并使硫酸盐和氯化物的比例达到平衡。

（1）我们首先向每升水中添加0.26g氯化钙（72mg/L Ca、127.4mg/L Cl^-）。添加氯化钙后水质参数变化如下：

调整后的水：

112mg/L　　Ca

9mg/L　　Mg

100mg/L　　总碱度

140mg/L　　Na

187mg/L　　Cl^-

245mg/L　　SO_4^{2-}

15　　RA（计算得出）

（计算过程参考前面的示例）

这样，水质就变好了一些。但尽管水的剩余碱度在推荐范围内，仍然需要进一步的改善。调整后的水中钙离子浓度较高，剩余碱度较低，仍不足以生产目标色度为15~18SRM的啤酒。此外，水中钠离子、氯离子以及硫酸根离子均超过推荐水平，这会使啤酒呈现出矿物的味道。

（2）我们来试一下在每升水中只添加0.13g氯化钙。

调整后的水质：

75mg/L　　Ca

9mg/L　　Mg

100mg/L　　总碱度

104mg/L　　Na

89mg/L　　Cl^-

245mg/L　　SO_4^{2-}

40　　剩余碱度（计算得出）

如此调整过后，水样就更适于美式琥珀色爱尔啤酒的酿造了。水中钙离子浓度和剩余碱度都可以更好地匹配啤酒的目标色度，氯化物浓度也在推荐范围内。我们已经尽最大可能改良了初始水质。在探索其他选项之前（比如购买未软化的水），先用该水样去酿造啤酒品尝一下。

水质参数和暗箱模型

有趣的是，啤酒酿造在许多方面是具有艺术性的，不可能精确设计每一个酿造细节。为什么我们只给出了大概的水质参数？在科学技术如此发达的今天，我们为什么还不知道酿造过程所需的离子种类和数量？为什么我们还没有完全了解每一种营养物质和辅助离子会发生何种化学反应？也许发酵过程还有很多重要问题尚待解决。也许还有很多不同矿物离子的组合和其他参数变化会酿造出更好的啤酒。不管原因如何，水质对糖化和发酵过程的影响一直都像一个暗箱。“暗箱”一词是指我们能根据起始条件来预测最终结果，但我们并不完全了解中间过程发生了什么。我们知道酿造用水的推荐离子浓度，但并不知道有多少离子最终留存在啤酒中，也不知道啤酒中的离子对酒体风格的影响。我们只知道起始离子浓度对啤酒的影响。

此外，有关麦芽中的离子对酒体影响的研究也非常少。下面的表格展示了泰勒使用全麦汁（麦汁浓度为 10° P，相对密度为 1.040）和蒸馏水酿制啤酒时的一些参数变化。有趣的是，麦汁中镁离子的浓度是 70mg/L，而啤酒中是 65mg/L。显然，有 5mg/L 的镁离子被丢失或损耗。镁离子是酵母生长所必需的营养物质，同时也是一些酶的重要辅助因子。至少有一篇学术论文指出，酵母良好表现至少需要 5mg/L 的镁。只含有 5mg/L 镁离子的麦汁在糖化和发酵方面的表现是否与含有 70mg/L 镁离子的麦汁一样？或者存在着一个阈值，例如，溶液中镁离子需要达到 50mg/L 但发酵过程中只有 4% 的镁离子被消耗？目前，对这些问题我们尚无确切的答案，开展进一步的研究是非常有意义的。

使用去离子水时麦汁和啤酒中离子的浓度变化

离子种类	麦汁 /（mg/L）	啤酒 /（mg/L）
Na^+	10	12
K^+	380	355
Ca^{2+}	35	33
Mg^{2+}	70	65
Zn^{2+}	0.17	0
Cu^{2+}	0.15	0.12
Fe^{3+}	0.11	0.07
Cl^-	125	130
SO_4^{2-}	5	15
游离 PO_4^{3-}	550	389
总 PO_4^{3-}	830	604

参考文献

[1] Brungard, M., Water Knowledge. https: // sites.google. com / site / brunwater / water–knowledge, 2013.

[2] Steele, M., *IPA—Brewing Techniques, Recipes, and the Evolution of India Plae Ale*. Brewers Publications,boulder, CO, 2012.

[3] Bamforth,C.W.,Inorganic Ions in Beer—A Survey. MBAA TQ Voi.49, 4：131–133, 2012.

[4] Priest and Stewart, *Handbook of brewing, 2nd Ed., Chapter 4-Water*. D.G.Taylor, CRC Press, 2006.

8

第 8 章

啤酒厂源水的处理技术

水是啤酒厂中最重要的原料之一，是啤酒的主要成分，大多数情况下至少占90%的质量分数。酿酒商在选择啤酒厂厂址时，必须对水源进行评估，因为啤酒厂一旦建成，就几乎不可能再去选择其他的水源，只能充分利用当地水源。啤酒酿造商对水质所负的责任要超过其他任何一种原料。事实上，水是酿造商必须负责的唯一主要原料。通常，麦芽制造商负责麦芽，啤酒花种植商负责啤酒花，酵母实验室负责纯种培养。啤酒酿造商应该了解他的水源，并根据需要对其进行改善，以便始终如一地酿造高品质的啤酒。

啤酒厂需要能满足酿造过程中的每一个环节所需要的高品质源水，无论是制醪液、锅炉用水还是清洁用水。用水必须没有异味或者臭味，或者经过处理后达到水质要求。获得高质量酿造用水的关键是了解水源——能够识别水质变化并通过调整水质来保持啤酒的质量。对一个啤酒酿造新手来说这可能是个艰巨的任务，但随着时间的推移，学习和经验的积累，这项工作会得心应手。

啤酒厂对源水的总体要求很简单，必须能够饮用并且无污染。如今，可饮用性不再是一个值得担忧的问题。但是，一家啤酒厂（图8.1）长期受欢迎的基本前提是酿造过程保证当地饮用水的生物安全性。当今啤酒厂最常见的问题，是由工业/化学污染物或者消毒副产物导致的啤酒异味。解决该问题主要包括两个方面：（1）如何识别污染物；（2）如何去除污染物。

源水的污染物及其影响已在第3章进行了讨论。本章主要介绍去除这些污染物的方法和工艺。本章将按照常规的水处理工艺中污染物的去除顺序进行介绍：悬浮颗粒的去除、溶解性物质的去除、液体和气体污染物的去除。

图8.1　美国加利福尼亚州内华达山脉啤酒厂的旋转格栅

8.1　去除悬浮颗粒——机械过滤

去除颗粒物是水的预处理和污水处理的重要步骤。在水的预处理过程中，原水通常会通过传统的快速砂滤池，或者砂和无烟煤滤池。这些设施通常占地面积很大，适合城镇水处理使用。啤酒厂通常使用小型的滤池来解决悬浮颗粒物问题，滤池一般使用颗粒型、聚合纤维或者其他可替换和可再生的填料。滤芯有多种形式，例如，填充颗粒的、平板的、管状的或者卷式的。颗粒过滤器利用颗粒填料如砂子和硅藻土形成滤床。卷式过滤器利用纤维做成基质层来截留颗粒物。过滤器分为标准型过滤器和完全型过滤器。标准型在它的尺寸范围内可以截留99%的颗粒物，完全型过滤器将会阻止任何大于其尺寸的颗粒物通过。过滤器也会被限制使用温度，因为高温会导致过滤材料过早损坏。

如果过滤器的进出水口之间的压力显著升高，则需要更换滤芯。在饮用水处理中，通常在活性炭和反渗透之前使用悬浮固体过滤器进行预处理。

8.2 去除溶解性固体——铁和锰

铁和锰在酿造过程中会造成比烟雾、异味和设备的过早老化更多的问题。在城市水处理的早期阶段，可通过将它们氧化为不溶态后过滤去除。然而，即使这些离子的残留浓度极低，在锅炉和换热器系统中也会引起沉淀和腐蚀问题。

一种简单的去除铁的方法是将其与磷酸盐结合，形成一个在热或者强光下会断裂的弱化学键，将铁离子转化成不溶态，进而能够通过沉淀和过滤来去除。据悉，一些小型商业啤酒厂在所有的进水中加入磷酸，并首先在冷却液系统中使用。这会导致磷酸铁的沉淀。经过一夜的静置后，第二天将干净的水取出，作为后续的热水使用。这个沉淀装置需要有一个底部的沉淀物排出口和一个在侧边的净水出口。装置底部的沉淀包括铁和粉末，因此需要经常清理。

家酿的小作坊也可以使用这种磷酸酸化的方法，将铁从酿造用水中沉淀出来。将水酸化到pH 5.5~5.7，再经过一夜的冷藏处理，注意在沥出干净的水体时不要扰动下层的沉淀物。

锰在传统曝气中难以被氧化，通常需要更强的氧化剂，如氯/次氯酸盐。这也是为什么在水冷却系统中，锰氧化物沉淀是一个难题。通常在系统中，使用锰氧化物抑制生物污染。锰的氧化是一个自催化过程，这意味着一旦氧化反应开始，便会加速沉淀。形成的沉淀物非常坚硬且黏着力极强，需要很强的机械和化学方法才能去除。它比不锈钢惰性更强，会引起锰沉淀物下钢的电化学腐蚀和点蚀。

锰可以通过绿砂过滤去除。绿砂是一种天然物质，含海绿石矿物质，能够通过氧化降低水中的铁、锰和硫化氢。当绿砂滤床的氧化能力耗尽时，滤床可以用高锰酸钾溶液再生。

基于绿砂滤床的铁、锰和硫化氢处理系统已经广泛应用。该系统像离子交换水软化器一样，可以对颗粒填料系统进行监控和维护。此外，铁和锰也可以通过离子交换系统去除。事实上，所有的离子都可以通过多种不同的工艺方法去除。

8.3　去除溶解性固体——离子交换法

离子交换系统利用的是在聚合物骨架上添加包含阴/阳离子交换位点的聚合物微珠。微珠在显微镜下观察为固态颗粒，然而它们的分子结构更接近一团纱线，以实现离子交换过程中的透水性和高表面积。在使用的时候，水从含树脂浸渍的微珠的介质层通过，从而使得水中要去除的离子与树脂中的离子进行交换，进而被固定到树脂上。离子交换系统（图8.2）有高流速、低反压和相对易于维护的优点。离子交换系统的缺点是再生过程会产生高浓度卤水。

图8.2　美国加利福尼亚州兰卡斯特（Kinetic）酿酒公司的水软化装置

4种离子交换树脂包括：弱酸性阳离子交换树脂、强酸性阳离子交换树脂、弱碱性阴离子交换树脂、强碱性阴离子交换树脂。每一种交换树脂都针对不同种类的目标离子（表8.1）。该命名方式来自于酸理论，它指出强酸的共轭碱是弱碱，强碱的共轭酸是弱酸，反之亦然。

表 8.1　　　不同类型离子交换树脂的优点和缺点

类型	优点	缺点
弱酸性阳离子（WAC）	两种类型：H^+ 型和 Na^+ 型有效去除二价金属离子，包括硬度离子 Ca^{2+}，Mg^{2+}，Fe^{2+} 和 Mn^{2+} 该类型只能去除暂时硬度，而非永久硬度 容量高 再生化学试剂可以有效利用	再生很难监控易产生硫酸钙污染对氯 / 氯胺污染敏感
强酸性阳离子（SAC）	两种类型：H^+ 型和 Na^+ 型，在全部的pH范围内适用通常去除硬度（Na^+）和所有的阳离子（H^+） 树脂生命周期较长：10~15 年	对氯 / 氯胺污染敏感 对温度变化敏感 对于 Na^+ 型具有高钠流失 易发生铁、钙、硫和铝污染
弱碱性阴离子（WBA）	去除大部分阴离子，CO_3^{2-} 和 SiO_3^{2-} 除外 比强碱性阴离子树脂更经济	出水中含有 SiO_3^{2-}，不适于在锅炉中使用
强碱性阴离子（SBA）	去除所有的阴离子，包括 CO_3^{2-} 和 SiO_3^{2-}	再生需要强碱性药剂 树脂生命周期较短：2~5 年

8.3.1　弱酸性阳离子型——常用的水体软化剂

弱酸性阳离子型（WAC）与强酸性阳离子型（SAC）树脂很相似，主要的不同在于每种类型可以实现的软化程度不同。弱酸性阳离子型能去除与碳酸氢盐相结合的钙和镁（即暂时硬度），并且只在碱性条件下起作用（即饮用水）。然而强酸性阳离子型树脂可以在任何pH条件下去除所有的钙和镁。弱酸性阳离子型树脂一般用于处理苦咸水和石灰软化水。它们与强酸性阳离子型树脂一样，也存在同样的降解问题。

8.3.2　强酸性阳离子型——完全的水体软化剂

典型的强酸性阳离子型（SAC）水体软化剂是用钠离子来交换水中所有的二价金属离子。Na型强酸阳离子型水体软化剂具有初始携带Na型离子（一价）的树脂填料。当二价离子（Ca^{2+}、Mg^{2+}、Fe^{2+}和Mn^{2+}）穿过树脂床时，由于它们与树脂填料有更好的亲和性，因此会与一价离子发生交换。水体软化装置还含有一个必须定期补充的盐库。一旦树脂填料被完全耗尽，就用盐水冲洗，将富集的金属离子从树脂中交换出来，然后离子交换树脂可以重新使用。虽然使用氯化钾（KCl）替代氯化钠很贵，但是可以避免钠添加对健康的不良影响。

强酸性阳离子型树脂也可以H^+作为交换离子，这种形式可以去除水中所有的阳离子，同时只在水中加入了H^+。这使得它们更适合于高纯水的应用，如锅炉给水。

显而易见，钠型强酸性阳离子型树脂不能被用于啤酒酿造过程，仅可用于去离子装置或反渗透系统前的预处理。在反渗透处理中高钠浓度比高钙浓度更可取，因为钠的溶解度高，并且不易在膜上形成沉淀。碳酸钙更易沉淀在膜上，导致膜系统过早损坏。

8.3.3 弱碱性阴离子型——脱碱处理

降低碱度是酿酒商永恒的追求。离子交换确实提供了一种可操作的、实际的实现方法。

弱碱性阴离子型交换树脂通过氢氧化物去除强酸性阴离子（Cl^-、SO_4^{2-}、NO^{3-}）。该处理单元产生的二氧化碳必须排放或净化，以防止下游的腐蚀，并且该类树脂不能去除硅酸盐。

强酸性阳离子型和弱碱性阴离子型树脂可以组合在一起作为反渗透系统的预处理部分。这种组合具有很大的处理容量和高效的再生能力。

8.3.4 强碱性阴离子型——脱碱处理

该系统可以去除强酸性和弱酸性阴离子，包括碳酸盐、硅酸盐和硝酸盐（需要选择特殊的树脂）。强碱性阴离子交换法可以去除在锅炉/热交换器系统中导致问题的二氧化硅。强碱性阴离子型树脂可以与强酸性阳离子型树脂相结合，并使用酸性阴离子或氢氧化钠来进行再生。强碱性阴离子型/强酸性阳离子型树脂的组合使用，产生的水可适用于高压锅炉用水。如果对细节和上游预处理稍加注意，这个工艺就能产生溶解性固体低于0.01mg/L的水。强碱性阴离子型系统的缺点是比弱碱性阴离子型系统需要更多的化学试剂用于再生。

强碱性阳离子型系统也可以使用氯离子替换氢氧根作为交换离子。这些系统不需要大量使用化学药剂，而且在降低碱度方面非常有效。然而，当其与一个Na^+型而不是H^+型的强酸性阳离子树脂结合使用时，产生的低盐度水对不锈钢有一定的腐蚀性。

强碱性阴离子树脂也特别容易受到有机物的污染，不仅是包括像溶剂和油等类似的工业污染物，还有从地表水中腐烂的植物中自然生成的富里酸和腐殖酸。弱碱性阴离子型单元受到这种污染的影响要小得多，如果需要的话，可以置于强碱性阴离子型单元前来去除这些有机物。

8.3.5 离子交换——混合床反应器

虽然已经讨论了一系列的阳离子和阴离子交换系统，但是包含SAC(H型)和SBA(OH类型) 的混合床系统结合了两者的功能：氢离子交换阳离子，氢氧根离子交换阴离子。如果阳离子和阴离子是平衡的，那么交换树脂就会释放出等量的氢离子和氢氧根离子，它们结合在一起形成水。混合床系统的缺点就是一旦树脂耗竭之后，就必须同时用强碱和强酸来进行再生。这个循环过程很昂贵，而且不环保。混合床单元最常用于产生少量的纯水。一些家庭酿酒者从小型酿造设备供应商那里获得这种类型的处理单元，并用它来处理酿造用水。小型啤酒厂（3180L或更少）可以购买混合床型离子交换树脂过滤器。一个典型的租用混合床过滤器，根据源水的TDS不同，基本上能够过滤3028~7571L的水。公司将收取租赁费和更换费用。可以通过检测混合床反应器进出水的电导率并进行比较，确定交换的离子量，从而为特定的品牌或酒厂设定标准。并且，可以通过监测出水的电导率，来确定离子交换装置何时需要再生。

8.4 去除溶解性固体——纳滤和反渗透法

图8.3 美国加利福尼亚州埃斯孔迪多巨石酿酒公司的反渗透系统

微滤、超滤、纳滤和反渗透统称为膜技术，因为它们都是利用薄膜进行过滤或分离。砂滤通常可以过滤掉最小直径约为10 μm的泥沙和悬浮固体颗粒。微滤可以去除酵母细胞和直径大于0.1 μm的大多数细菌。超滤可以降低一个数量级到0.01 μm，过滤去除大部分的病毒。纳滤比超滤的作用提高10倍，可以过滤掉大多数蛋白质和一些溶解的离子。但反渗透（图8.3）比其他膜滤效果都好，可去除最小直径0.0001μm的颗粒，并且能够除去大部分溶解的阳离子和阴离子，但不能除去溶解性气体。

这些膜可以由醋酸纤维素或聚酰胺复合膜制成。聚酰胺膜可以更有效地过滤二氧化硅和单价（小）离子，但对氧化剂非常敏感，易被氯、氯胺和其他氧化剂氧化造成聚合物破坏（形成孔穴）。醋酸纤维素更坚固，常用于过滤高污染液体。

渗透是指水通过半透膜扩散，从低溶质浓度的区域扩散到高溶质浓度的区域。可以把渗透压看作是一种将事物变得平衡的力，把水通过膜拉到"干燥"的一边，使两个相邻的系统达到同样的溶液浓度（实际上，压力是由化学势的差异而不是浓度造成的）。反渗透（RO）是指向高浓度一侧施加足够的压力来克服渗透压，使溶质浓缩得更多。实际上，所有的膜技术都依赖于施加压力来克服给定系统的天然渗透压作用。不同的是被膜截留的颗粒大小不同。很明显，在所有方法中"反渗透过滤"需要的压力最高，通常在1.0~1.5MPa，这取决于溶质、温度、pH等。

反渗透系统非常简单（没有移动部件），小型系统可以在家装商店和水族馆店以实惠的价格购买到。商业酿造使用更大规模的反渗透系统来处理高碱度水或苦咸水，尤其是在非洲和中东这样的干旱地区。大型系统通常采用高压泵和比小型系统更大的膜组件。

典型的反渗透系统首先将水通过一个或多个颗粒过滤器（尺寸通常为5μm和1μm），然后经过一个活性炭过滤器后输送到膜组件中。活性炭可以去除掉会污染或损害反渗透膜的有机物、氯和氯胺。膜组件采用错流过滤的方式，其中的滤液从一侧被抽出，而大部分的水作为废液被持续排出，并带走被浓缩的离子。流出阀限制了流体的流动，保持了膜上的高压力。操作人员可以控制这个阀门，调节压力和废水（称为"浓水"或"卤水"）流速来提高效率。

家用简装的反渗透系统没有这个功能。膜组件有一个固定的孔以限制废水的流动，由此在膜上产生高的反渗透压。膜组件还包括一个膜过滤后的出水口。过滤后水流入一个压力罐或者敞口水箱（常压水箱）。压力容器装有压力气囊。过滤后水进入水箱时，气囊内的空气被压缩，罐内的压力上升。当容器压力加上渗透压等于进水侧压力时，水不再透过膜，收集停止。这些系统通常有一个压力开关来监测压力罐的压力，当其不再收集到水时，会有一个阀门用来关闭进水或出水管路，以防止水的浪费。

这类小型反渗透系统压力罐的优点是，可以便捷地连接到水龙头上，以供饮用或烹饪使用。虽然压力罐系统对于小体积来说是很方便的，但是它降低了整体的过滤速率，由于随着压力罐被充满，膜两侧的压力差降低。断开压力罐或将水龙头打开并将水收集在另一个敞口容器中，可以更快地获得水。

反渗透系统的关键问题是浓缩产水的比率。一般来说，在典型的家用系统中，进水只有不到20%被滤出。这意味着每获得1体积的过滤出水，就会排出4体积的废水。水源（井水或是海水）对此是一个重要的影响因素。在更为复杂的系统中，回收率（一部分进水过滤后被回收）可能会高达80%，甚至可能更高，但往往高回收率是以渗透出水中高离子含量和高浓缩盐水为代价的。无论是少量的高浓度浓缩水，还是大量的低浓度浓水，浓缩水的处置通常是一个难题。

反渗透系统的其他问题还包括膜的更换费用较高。这些可以通过对膜组件适当的维护来改善。前面已经提及活性炭预过滤可以保护膜系统不受氯和氯胺的影响，并且使用阳离子软化可以防止碳酸钙沉积。但根据进水的化学性质的差异，其他矿物质也会在盐水中浓缩，这可能会降低最大回收率。

由于剩余的氯和氯胺消毒剂已经提前从进水中去除，反渗透过滤器可能面临微生物污染的问题。因此建议出水最后通过一个无菌过滤器（微滤或超滤）或紫外线杀菌器。如果把RO出水用做煮沸后的稀释水，则需要使用除氧器。反渗透过滤后的水箱和管道应该由塑料（PVC或PEX）制成，因为去离子水具有很强的腐蚀性。

当啤酒厂需要去除碱度时，反渗透技术是一个不错的选择。RO也能很好地去除锰、硅酸盐和铁等问题离子。然而，正是这些元素会导致膜污染，引起操作压力升高，跨膜压差降低，渗透量减少。其他的污染物包括有机物、微生物、胶体和碳酸盐。在RO系统前设置一个离子交换单元可以减少膜的负荷，进而提高整体效率并降低总体的维护成本。

因为酿造用水中需要存在适当浓度的离子，但RO能从水中去除几乎所有的离子，这可能会适得其反。为什么非要将所有离子去除然后再添加一些呢？透过性更好的纳滤膜具有更高的能源效率和过滤效率，同时可以有效地降低水中碱度和硬度。纳滤膜也被称为软化膜，因为纳滤膜在去除较大的二价离子（如Ca^{2+}和SO_4^{2-}）时，能够使得更多的较小的一价离子（如Na^+和Cl^-）通过。

尽管纳滤膜的出水水质不如RO膜，但最终的离子浓度仍然很低。RO膜通常会截留95%以上的离子，而纳滤的截留率通常在80%~90%。纳滤系统通常可以减少离子交换出水中80%的钠，例如，将钠含量从<200mg/L降低到<40mg/L。进水中浓度较高会导致过滤出水中的浓度也较高，而其他离子在出水中的离子浓度可能会降低。如果钠的截留率不足以满足啤酒厂的需要，那

么可使用未软化的进水或RO膜来获得纯净水。

离子交换和石灰软化往往会导致废水中总溶解性固体（TDS）的增加，而纳滤提供清洗用软化水的同时不会显著增加废水中的总溶解性固体。在许多情况下，纳滤可以提供适合于酿造的水质，并且整体经济效益更好。经济效益差异将取决于：TDS浓度、TDS的构成以及对渗透出水的接受程度。许多大型啤酒厂现在利用纳滤而非反渗透系统来满足他们的用水需求。

同反渗透膜一样，典型的商用纳滤设备有直径为6.35cm、10.16cm或20.32cm等不同的膜组件。目前，纳滤膜不能用于家用RO系统。目前相对经济的RO系统对家庭和商业酿酒商来说都是一个巨大的机遇。过去人们的重点在解决糖化醪或者各反应罐中水的问题来酿造可口的啤酒（事实上，这本书中的很多内容都反映了这一点），但现在这种模式可以转变为准备适合所有啤酒酿造的水源。事先做好准备比发现并解决问题要简单得多。

8.5 去除液体和气体污染物——氯化物

微生物污染是城市供水的主要问题。这些污染物可以是细菌或其他生物，如隐孢子虫和贾第鞭毛虫。因此需要用残留的消毒剂为水处理厂的出水提供持续的保护。好的消毒剂具有强力而持久的效果，在水槽或管道里时不会随着时间而失去效力。

为了防止啤酒有异味，氯和氯胺残留消毒剂（例如氯酚）通常需要被去除，因此在啤酒酿造厂管道的低流量区域或“死角”处的污染问题是一个难题。细菌可以在低流速区域形成沉积物或生物膜，厚厚的沉积物可以阻止清洁剂和消毒剂进入整个菌落，因此后续很难被去除。

然而，啤酒厂良好的卫生措施中，去除氯和氯胺是第一大问题。氯消毒可以是添加“游离氯”也可以是添加氯胺。在初始处理过程中，水可以在几个环节都用氯消毒，并且可以在一年中对氯消毒的水平进行调整。游离氯消毒是一种传统的氯消毒方法，它通过产生次氯酸离子（ClO^-），在水中氧化并杀死生物体。

氯在水中溶解时，发生以下反应：

$$Cl_2+H_2O \rightleftharpoons H++Cl^-+HClO$$（次氯酸）

水质报告经常把氯作为“游离氯”或“余氯”，定义如下：

$$游离氯=2c（Cl_2）+c（HClO）+c（ClO^-）$$

$$结合氯=c（NH_2Cl）+2c（NHCl_2）+3c（NCl_3）$$

$$余氯=游离氯+结合氯$$

在pH低于7.6的情况下，HClO含量高于ClO^-。$NHCl_2$是一种更好的氧化剂，它呈电中性，能更好地穿透微生物的细胞膜。因此，它是一种更好的杀菌剂。通过向水中添加次氯酸钠、次氯酸钙或向水中通入氯气来形成次氯酸盐。次氯酸根离子（游离氯）具有高度挥发性，可以通过加热或简单地在室温下的敞口容器中长时间放置来去除。幸运的是，对于酿酒商来说，只要在一个敞口容器中将水加热至沸腾，就能去除大部分的游离氯。然而，在啤酒中只需要少量的游离氯就会产生可察觉到的氯酚气味。

次氯酸盐也可以与来自腐烂植物的有机化合物反应（氧化反应），形成潜在的致癌化合物——消毒副产物（DBPs）。这些有机化合物天然生成并且普遍存在于地表水中，如湖泊和河流中。这些消毒副产物在饮用水供水中是应该避免的，并且受环境法规和美国《清洁水法》（*Clean Water Act*）的规定限制。氯胺不易形成消毒副产物，所以水务公司经常使用氯胺来代替氯。但是，氯胺的嗅觉阈值（3~5mg/L）比氯（5~20mg/L）低，会造成游泳池异味。同时，像THM（三卤甲烷）和HAA5（卤代乙酸）这样的消毒副产物，在啤酒中的气味和味道阈值为十亿分之一，也经常造成腥味或池塘异味。

氯胺是由水中氯和氨结合而成的。氯胺存在一氯胺、二氯胺和三氯胺的形式，但主要的形式是一氯胺。20世纪初以来，氯胺一直被用于饮用水消毒，当时发现其在供水系统中提供了一种更稳定的消毒效果。由于在20世纪70年代发现了氯的消毒副产物的毒性作用，氯胺已经成为用于消毒含有大量有机物给水的一种新的标准。无论有机负荷高低，它在溶液中停留的时间更长，因此作为残留消毒剂效果更好。

氯胺现在用于大多数大型水处理厂，但有人担心氯胺仍然会导致高于预期水平的消毒副产物。因此，一些水厂采用臭氧和紫外线照射等其他消毒方法。由于煮沸处理需要燃料和时间，最经济有效的去除氯和氯胺的方法是紫外线降解、活性炭过滤（GAC）或焦亚硫酸盐处理。

8.5.1 焦亚硫酸盐处理去除氯和氯胺

长期以来，酿酒师使用焦亚硫酸钠和焦亚硫酸钾（也称为坎普顿片）来抑制葡萄酒中野生酵母菌的生长。它在啤酒中也是一种抗氧化剂。然而，它们最大的用途是降解水中的氯和氯胺。根据下面的化学方程式，焦亚硫酸盐溶解于水时形成二氧化硫（以焦亚硫酸钾为例）：

$$K_2S_2O_5+H_2O \rightarrow 2K^++2SO_2+2OH^-$$

二氧化硫能将氯还原为氯化物，而自身被氧化成硫酸盐。

焦亚硫酸钠或焦亚硫酸钾分解氯的方程式如下：

$$Na_2S_2O_5+2Cl_2+3H_2O \rightarrow 2Na^++2SO_4^{2-}+6H^++4Cl^-$$

$$K_2S_2O_5+2Cl_2+3H_2O \rightarrow 2K^++2SO_4^{2-}+6H^++4Cl^-$$

氯胺与焦亚硫酸盐的反应与氯相似：

$$Na_2S_2O_5+2H_2NCl+3H_2O \rightarrow 2Na^++2SO_4^{2-}+2H^++2Cl^-+2NH_4^+$$

铵根离子是一种酵母营养素。任何残留的焦亚硫酸盐或二氧化硫都不会对啤酒有害，而会起到抗氧化剂的作用。焦亚硫酸盐处理的参数如表8.2所示。

表 8.2　　使用焦亚硫酸盐处理的剂量要求

组成成分	每毫克游离氯	每毫克氯胺
焦亚硫酸钾需要量 /mg	1.564	3.127
焦亚硫酸钠需要量 /mg	1.337	2.647
钠离子生成量 /mg*	0.323	0.646
钾离子生成量 /mg*	0.550	0.110
氯化物生成量 /mg	1.0	1.0
硫酸盐生成量 /mg	1.35	2.7
氨生成量 /mg	0	0.51
中和的碱度 /（mg,$CaCO_3$ 计）	2.11	1.43

注：* 如果使用。（本表由 A. J. 德朗格计算）。单位是无量纲的，如果游离氯浓度是 3mg/L，那么需要相应的焦亚硫酸钾的量是 3/1.564× 待处理的总升数。为了保证余氯去除完全，可以将上表中数据乘以 1.2~1.3 的经验系数。

使用氯胺消毒的供水系统有时会在有机物含量较低时（通常是春季或冬

季），恢复到氯消毒。氯在杀死微生物方面比氯胺更经济有效。偶尔更换消毒剂有助于维持配水系统中的卫生条件。当改变消毒剂时，用水者可能会注意到水的氯味变化。

8.5.2 氯气的去除——紫外线降解

紫外线降解是一种较新的脱氯技术，其利用高能光子破坏分子键。紫外线将氯和氯胺分子分解成离子组分，产生氯化物、氨和水。氯降解的最优波长为180~200nm，而氯胺最优降解波长为245~365nm。文献中推荐的一般剂量是消毒剂量的20倍，大约为600mJ/cm^2，其光谱集中在245 nm波长用于组合分解。

该波长范围的紫外线能杀死99.99%的细菌和病毒，并且将总有机碳（TOC，通常是非极性分子）完全分解为极性分子或带电分子，这样更容易通过离子交换去除它们。换句话说，紫外线脱氯处理也有助于防止后续工艺的污染，如离子交换和反渗透处理。

虽然紫外线降解技术（图8.4）的能耗较高，但有利于降低后续离子交换和膜组件的维护与更换成本。

图8.4　美国加利福尼亚州内华达山脉酿酒公司的紫外线降解系统（该单元放置在颗粒活性炭过滤之前）

8.6　去除有机污染物——活性炭法

颗粒活性炭（GAC）是去除氯和大多数有机污染物（包括消毒副产物）最为常用的方法。颗粒活性炭与粉状活性炭（PAC）的不同在于颗粒大小，颗粒活性炭直径通常为1.2~1.6mm，而粉状活性炭的直径小于0.1mm。活性炭过滤的机理是：选择碳源（通常有木材、椰子壳、坚果壳、木炭等），然后通过加热（热解）或者化学氧化和加热结合的方式使其基质活化。热解过程形成高碳含量的“炭”，氧化过程则选择性地烧掉部分炭，留下多孔的纯炭壳，使其具有非常大的表面积。后续的处理可能会使用如磷酸、氢氧化钾、氯化锌等化学药物浸渍，以改善对特定污染物的吸附性能。活性炭过滤实际上不是过滤过程，而是使分子黏附到炭基上的吸附过程。其非常大的内表面积从溶液中吸附各种挥发性有机化合物。颗粒活性炭可去除许多在水中引起异味和味道的化学物质，并且还可以作为氧化复合化合物如次氯酸盐和氯胺的催化介质。

大多数啤酒厂都使用颗粒活性炭（GAC）过滤来处理进水，可以较快地除去游离氯，但对氯胺的去除却相对缓慢。当已知供水中含有氯胺时，进水在炭介质中保持适当的停留时间是很重要的。使用大型过滤器或并联多个过滤器将有助于增加溶液与炭介质的接触时间。增加与碳介质的接触时间可以提高污染物的去除率以及炭介质的整体利用率。然而，在并联过滤器中，一旦某个过滤器吸附饱和并发生泄露（穿透），都会使污染物透过整个过滤系统。

颗粒活性炭填料内污染物的去除或氧化倾向于发生在有限的区域内。随着流速的下降，处理区域会缩小，颗粒活性炭介质的利用率提高。如果流速很高，处理区可能会贯穿整个颗粒活性炭介质层，这将导致污染物过早穿透。低流速通过介质是提高污染物去除并延长过滤器使用寿命的关键。

颗粒活性炭过滤器单元的尺寸取决于过滤器壳内包含的活性炭填料的体积。空床接触时间（EBCT）是活性炭系统的主要设计参数。空床接触时间是通过容纳活性炭填料的总体积除以液体流量计算得到的。该方法可以通过排除炭介质的孔隙率影响来简化分析。在酿造行业，去除氯离子的空床接触时间至少应为2min；利用典型的颗粒活性炭填料，去除氯胺的空床接触时间至少应为8min。当使用特殊处理的介质去除氯胺时，通常可将该时间缩短至约6min。空床接触时间的设计可与肾透析行业进行比较，肾透析行业对于氯胺的去除有更严格的要求；肾透析行业假定也采用典型的颗粒活性炭填料的话，建议的空床接触时间是10min。

颗粒活性炭介质用几个参数进行评估，每个参数采用不同的方法表征介质的吸附能力。最基本的参数是碘值，该参数通过从溶液中吸附碘来测量活性炭的微孔量（0~2nm）。碘值是指当剩余滤液中的碘浓度为0.02mol/L时，1g活性炭所吸附碘的毫克数。这是衡量介质吸附像三卤甲烷（THM）这种低分子质量物质能力的有效指标。啤酒厂使用的新活性炭填料的碘值至少应为850mg/g，优选大于1000mg/g的。

糖蜜值是衡量对高分子量物质吸附量的有用参数。该参数的测定包括与标准颗粒活性炭相比，测定标准稀释糖蜜溶液的脱色百分比。单宁测试是测量介质吸附单宁的能力，并以mg/kg计。硬度值是衡量介质抗磨损或移动的指标，例如，反冲洗期间填料床膨胀。硬度值高低取决于用于制作活性炭介质的炭源，至少应为70。

颗粒活性炭系统的尺寸可以满足大多数需求，家庭使用较为常见。下沉式过滤器使用的25.4cm颗粒活性炭组件通常包含约492~524cm^{3}的活性炭填料。依照上述空床接触时间的要求，除氯时，通过该活性炭过滤器的流量应限制为约0.25L/min，去除氯胺约为0.06L/min。然而，实际上已经证明了去除氯离子的空床接触时间可以更短，以3.78L/min的流速通过25.4cm的活性炭过滤器可以提供足够的去除能力和足够长的使用寿命。

颗粒活性炭过滤器的常见问题是由于缺乏维护而导致的微生物污染和污染物穿透过滤器。在去除氯/氯胺后，炭过滤器便成了细菌和其他微生物的完美栖息之地，被过滤器截留的其他有机污染物可以为它们提供食物。因此颗粒活性炭过滤器需要通过蒸汽或化学反冲洗定期进行清洁和填料再生，并杀死存在的微生物。

使用水族设备商店或水测试设备制造商（Hach，La Motte）销售的几种测试试剂盒可轻松测量氯含量。需要注意的是，“游离氯”测试试剂盒仅能测定次氯酸根离子而不能测定氯胺。如果在供水中使用了氯胺，则需要用“总氯”测试试剂盒。其他污染物（如THM）的测定需要使用气相色谱仪或分光光度计。如果检测到任何残留物，则应更换炭芯。大型颗粒活性炭罐包含多个不同深度的填料取样口，用于测量罐内颗粒活性炭的消耗情况。即使是经常维护，所有颗粒活性炭填料最终都需要更换。

8.7 去除溶解性气体——脱气法

氧气对酿造商和酿酒过程来说具有极大的危害，除了酵母菌需要利用氧来合成固醇之外。毫无疑问，啤酒厂尝试使用橄榄油之类的固醇替代物，是为了将氧气从啤酒中完全去除。目前，人们已经开发出了多种削减氧气的方法，其中许多措施已经被酿酒厂采用，来限制氧气对酿酒过程每个阶段的影响。不幸的是，啤酒中即使存在1mg/L的氧都是严重问题。当前，成品啤酒最大的可接受氧含量小于0.05mg/L，通常是小于0.03mg/L，许多啤酒厂的目标是小于0.01 mg/L。在啤酒的转运操作和包装过程中，都需要在酿造用水和啤酒中维持上述低氧气水平。怎么样才能达到上述要求呢?

道尔顿定律和亨利定律共同限制和控制脱氧过程。亨利定律指出，气体在液体中的溶解度与该气体的平衡分压成正比。道尔顿定律指出，混合气体的总压即等于各组分气体的分压总和。为了对水进行脱气，各组分的分压必须改变，使得氧的分压尽可能小。这可以通过增加另一种组分气体的分压来抵消它，例如通过增加水的蒸汽压力或通过降低系统的总压力来实现。

最初的真空脱氧技术是通过在低真空室中将水喷入形成水雾而实现的。水雾的高比表面积使氧气和其他气体在低真空环境中更容易与液体结合并被抽出去除。该方法可以选择使用CO_2作为气提气。该技术通常能够达到0.07~0.1 mg/L的低氧含量并满足锅炉用水的要求。

膜技术也可用于去除氧气和其他气体。通常使用中空纤维膜连接低压室，在气体通过膜扩散时将气体脱除。膜技术通常可以将残余氧气降低至0.02mg/L。但是它们还是有一些缺点，中空纤维膜价格相对昂贵并且难以维护。

目前酿造行业选用的脱氧技术是脱氧塔技术（图8.5），在高塔中使用专用填料来确保水与气提气（二氧化碳或氮气）之间的接触表面积较大。在气提气升至塔顶部的同时，水由高塔顶部流下，大部分气提气溶解在水中，其余部分（包括脱去的氧）被排出。其中水不被加热的冷塔系统通常可以达到小于0.03mg/L的残余氧气水平。如果使用热交换器将水加热到沸点以下，残余氧气浓度可以进一步降低。热脱氧塔系统可以达到0.01mg/L的残留氧水平（小于10μg/L）。脱气塔的其他优点有：能耗低、流速高、低维护等。该系统处理量可达到5000~80000L/h。

图8.5　美国加利福尼亚州内华达山脉酿造公司的脱氧塔

总结

本章给出了多种能够去除水源中固体、液体和气体的实用技术，用于酿酒用水处理。这些技术通常可以根据情况结合使用，以提高处理效果。例如，活性炭过滤与强酸性阳离子型交换树脂结合使用既能降低水的硬度，又能去除重金属；又如，在反渗透前加装离子交换能够延长渗透膜的使用寿命；再如，在紫外线降解脱氯后，使用颗粒活性炭吸附，可以有效去除残留物等。因此，将不同的处理技术结合使用，能够达到更好的去处效果。本章内容为下一章讨论啤酒厂对不同用途用水的水质要求提供了依据。

9

第9章 酿酒厂工艺用水

对于许多酿酒师而言，酿造过程中唯一需要注意的水是酿酒用水。然而，在酿酒厂中，水要执行许多任务。因此，还有其他原因需要处理水。有能力用最少的操作步骤处理水对于需要执行的每个任务来说都很重要。就像人们说的那样：更聪明地工作而不只是更努力。

所有进入啤酒厂的水都应符合饮用水的基本水质标准。依靠供水商提供完全适合酿造的水是不切实际的。同样，让啤酒厂的每个工序都使用与酿酒用水相同的水也是不切实际的。由于我们在前几章广泛讨论了糖化醪麦芽汁生产用水，本章将重点介绍啤酒厂其他工艺用水。在这些环节中，诸如水垢的形成和化学成本等因素更为重要。

正如我们在这本书的其他地方已经谈过的一样，无论是大型还是小型酒厂的专业酿酒师给出的最常见的建议之一就是每天品尝你的酿酒用水。这个基本步骤可以提醒酿酒师关注水的变化——可能影响啤酒风味的变化以及还可能影响啤酒厂其他工序用水的变化。成功的啤酒厂，如美国加利福尼亚州奇科市的内华达山脉酿酒公司在酿造过程中会选取几个点来测试他们的水。他们不仅会嗅闻和品尝水源水，而且在经脱氯及颗粒活性炭过滤后再对水进行嗅闻和品尝。不要小看这个简单的测试，它可以免去大量的补救措施。

9.1 酿造用水

酿酒用水处理的第一步通常是通过活性炭过滤或者滴加焦亚硫酸钠来进行氯/氯胺分解。这种办法可除去水中残留的消毒剂。然而，这也会导致一些其他问题，尤其是当一家餐馆挨着一个啤酒厂的情况下。因此，在活性炭过滤器前加装紫外线消毒设备可以起到两个作用：（1）使水的消毒效率更高，且有助于防止活性炭过滤器被细菌污染；（2）在活性炭过滤器前分解有机物如氯胺，可以降低吸附负荷，降低污染物泄漏的风险。

家庭用水如烹饪、洗手间等不需要将残留的消毒剂清除干净，所以需要在酿酒厂处理前将此类用水从供水主管道中分离出来。啤酒厂的水分配及处理示例如图9.1所示。处理的顺序应根据实际需要来改变。但是酿酒师要警惕在实际使用前不要在水流中产生外溢和水的滞留，因为这些滞留的水可以为细菌的生长提供温床。

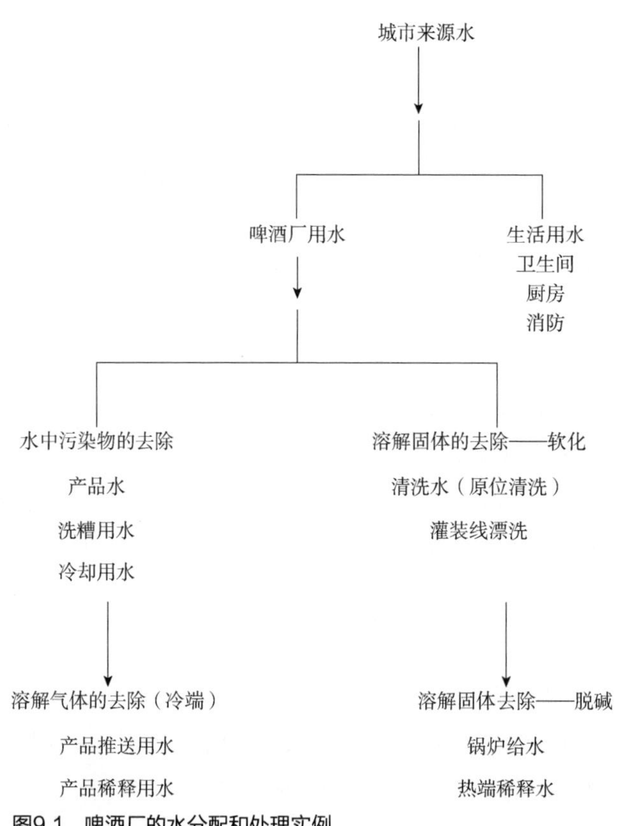

图9.1 啤酒厂的水分配和处理实例

水处理措施不应浪费在不需要的水上，而应在有经济意义的地方使用。

9.2 清洗和漂洗用水

啤酒厂的大多数用水是用于清洗的。一个现代的啤酒厂制造1桶啤酒可能只使用1桶清洗用水，但是对于那些年代较久、效率较低的啤酒厂来说可能要使用3~8桶清洗用水才能制造1桶啤酒。目前，平均生产1桶啤酒的总用水量约为4.5~5桶，其中废水2~3桶，谷物、酵母培养和蒸发等过程用水约1桶，还有1桶用于产品。由于规模经济的原因，更高效率的啤酒厂实际上有助于提高水的利用率。美国最大的啤酒厂水的总使用量目标是生产1桶啤酒消耗约3.5桶水。然而，如果啤酒厂每年生产量低于10000桶，那么每生产1桶啤酒可能难以将其用水量降至少于4.5桶。

清洗用水应具有较低的钙和镁硬度（推荐总硬度<50mg/L），并能最有效的使用洗涤剂和苛性碱。在硬水条件下，一部分清洗化学品将与水中的钙和镁结合（基本上被中和）。因此，对于任何给定的水都需要更多的化学物质。软化水减少了这个问题的发生并因此可以节省资金。此外，当使用更多的清洗剂时，便需要更多的水将其漂洗掉。

因此，软化水对于清洗是有益的，并且在干燥后将留下较少的碳酸盐水垢。软化水同样也适用于漂洗。但问题是许多乳化剂、分散剂和表面活性剂在化学成分中都使用钠或钾盐。这些易溶于水的离子有助于清洗剂的溶解。当用含有相对较高浓度溶质的溶液漂洗时更加困难（就像用麦汁洗糟的提取效率低于用水洗糟的效率一样）。因此，虽然软化水通常比未软化水的漂洗效果差，但由于清洗化学品用水量的减少，使用软化水漂洗仍然节省了水。即使是中等硬度的水部分软化仍然可以显著地降低烧碱用量。对于一个使用总硬度为75mg/L的啤酒厂，当添加软化剂后其氯化苛性碱用量将减少50%。即使在一个小型的啤酒厂里，软化清洗用水也可以快速地节省化学成本和劳动力。

清洗和漂洗用水注意事项如下。

（1）清洗和漂洗是酿酒厂用水量最大的工序：每1体积的啤酒使用3~8体积的水。

（2）建议使用软化水进行清洗和漂洗（硬度<50mg/L最好）。

（3）软化水可以降低清洗化学试剂的成本和用水量。

硅酸盐

一个令酿酒师头痛的问题就是硅酸盐。二氧化硅（SiO_2）存在于大多数硬度范围为 1~100mg/L 的供水中，且对大多数的软化 / 脱碱处理没有反应。二氧化硅可以聚合成不溶性的胶体二氧化硅或硅胶。随着 pH 的升高，二氧化硅变得更易溶解，分解成 SiO_3^{2-}。但是，硅酸镁在较高的 pH（>8.5）时变得较难溶解，并且在非机械作用的情况下非常难以去除。如果水已被软化，但在干燥后在罐体表面上还形成白色附着物，则它可能是硅酸钠或硅酸钾。这些盐在酸性溶液中较难溶解，最好用苛性碱清洗，然后用高纯度水漂洗。

高二氧化硅含量（>25mg/L）的水不能用于锅炉给水，因为它具有很强的结垢性。

9.3 冷却液

在热交换器和发酵罐中用于冷却的水通常被称为冷却液。它可以用作下一批次的已加热的酿造用水，也可以是处于封闭系统中的丙二醇。通常的做法就是在热交换器中将酿酒用水作为用于糖化醪冷却的冷却液，并将热传到下一批次。这可以大大的节省能源成本。如果自来水不够凉，不足以使麦汁温度达到酵母接种温度，则可能需要使用丙二醇进行第二阶段冷却。

图9.2 位于美国科罗拉多州柯林斯堡的新比利时（New Belgium）酿酒公司的主要热交换器

交换器（图9.2）的冷端不易受碳酸盐垢的影响，因为大多数钙盐的沉淀通常发生在醪液或水箱内。此外，水中仍含有溶解的二氧化碳，会使碳酸盐处于更稳定的溶解状态。这种酿造用水通常会被脱色和脱氯，除此之外没有进行其他的处理。

发酵罐和清酒罐通常带有装有用于冷却的二醇类物质的夹套。与纯水冷却方法相比，它们可以提供更好的温度控制。丙二醇溶液的凝固点比水低，因此不太可能在管路中冻结并堵塞冷却系统。二醇类物质制造商建议使用蒸馏水来配制溶液且不建议使用高硬度的水源。但这一建议经常不被酿酒师们所采纳，大多数的酿酒厂都只是用自来水稀释。制造商建议丙二醇含量至少为30%（体积分数），使其冰点低于啤酒厂使用的最低恒温器设置的11~13℃——这是防止系统中冷却液冻结的典型余量。有关更多信息，请参阅下方丙二醇小贴士。

露天冷却系统（如冷却塔）中需要有残留的消毒剂和杀菌剂，以防止微生物生长。由于二醇类物质可以作为一些细菌的食物来源，杀菌剂也被推荐用于封闭的二醇体系中。过氧乙酸（CH_3COOOH）是常见的杀菌剂。选择它作为杀菌剂是因为它在非常低的温度下杀菌效果好。但是，它也是一种强氧化剂，具有很强的腐蚀性，吸入时可能会有危险。因此必须小心使用过氧乙酸。

冷却液的注意事项如下。

（1）酿造用水通常用于第一级热交换器，目的是从煮沸的糖化醪中去除并回收热量，这些热量可有效地预热下一批次的酿造用水。第二级冷却通常使用二醇类物质作冷却剂的热交换器来将麦芽汁进一步冷却至酵母接种温度。

（2）加入丙二醇以降低水的凝固点。二醇类制冷系统中使用的标准浓度为30%~35%。

（3）对于二醇类冷却系统而言，使用低硬度和低铁含量的水是受欢迎的，但不是必需的。

（4）推荐将残留有消毒剂或杀菌剂的水用于二醇类冷却系统中。

丙二醇的性能

尽管酒厂会采用严密措施以防止其污染啤酒，丙二醇仍是被美国食品和药品管理局（FDA）列入 GRAS（Generally Recognized as Safe）安全清单中的物质。即使发生泄漏而意外摄入了丙二醇，也是安全的。丙二醇在降低水的凝固点方面非常有效，而且还有效地降低了冷却功率。因此，丙二醇浓度应该足够高以防止在预期的系统最低工作温度（加上安全系数）下冷冻。其浓度可以通过酿造折光计或密度计轻松测量。

丙二醇溶液的性质

体积分数 /%	冰点 /°C	折光仪读数（Brix）（20°C）	相对密度（21°C）	比热 /[J/（kg · k）]（21°C）
10	-3.3	8.5	1.006	0.986
20	-7.8	16	1.015	0.968
30	-13.3	22.5	1.024	0.939
32	-14.1	24	1.025	0.932
34	-15.6	25.5	1.026	0.924
36	-17.3	26.5	1.028	0.917
38	-19.1	28	1.030	0.908
40	-21.1	29	1.031	0.900

注：* 相对密度一般不推荐，因为密度会先增加，然后会随溶液中丙二醇含量的增加（>60%）而降低。二醇类溶液并不遵循糖溶液所遵循的折射率与质量间的关系。相同的仪器，使用方式却不同。

9.4 锅炉与锅炉给水

蒸汽通常用于加热糖化罐和水箱，以及用于热交换器的消毒。锅炉和蒸汽系统需要总溶解固体（TDS）含量低的水，否则积聚的固体可以隔离和堵塞管路里的水。锅炉水指的是锅炉储水箱中的水，固体容易积聚在里面。锅炉给水是随着蒸汽的流失，在一段时间内添加到系统中的补充水。

图9.3 美国加利福尼亚州费尔菲尔德的异教徒（Heretic）酿酒公司的锅炉

通过水电导率测量TDS是监测锅炉水质的最佳方式。超过一般工业准则要求的1000mg/L TDS的锅炉水在排污/维护期间就会从锅炉中除去。由于二氧化硅在较高的浓度下会形成非常顽固的水垢，因此低二氧化硅含量成为这类用水的一个特别重要的标准。

成分合适的锅炉水可显著延长蒸汽系统的使用寿命。锅炉的内部环境可能具有很强的腐蚀性，因此水的成分和处理非常重要。无论是泄漏掉还是通过正常的排污除垢过程排除掉了，一旦锅炉系统中的水损失了则必须补加。给水不仅要具有低TDS（低硬度和低碳酸盐），氧气和二氧化碳的含量也应非常低。纯净水或蒸馏水通常用于锅炉给水。如果水箱的冷凝水足够纯净，那它也可以用作给水。

锅炉水中的矿物质会结成水垢，水中溶解的气体会引起蒸汽管道和锅炉部件的腐蚀。根据以下反应，水中的碳酸盐将在高温和高压下分解并释放出二氧化碳：

$$Ca(HCO_3)_2\text{（加热）}\rightarrow CaCO_3\downarrow+CO_2\uparrow+H_2O$$

二氧化碳溶解于蒸汽和冷凝物中并形成碳酸。碳酸虽然较弱，但在压缩的冷凝水环境中却能使水的pH低于5.0。碳酸通过与铁反应形成易溶于水的碳酸亚铁而引起点状腐蚀。一旦腐蚀点形成，该点便可能发生进一步腐蚀，并成为腐蚀整个蒸汽系统的游离铁的来源。

氧气的腐蚀会以类似的方式发生。它会形成氢氧化铁并引起凹坑。氧气和二氧化碳的组合比单一气体的腐蚀能力增加40%。pH较高的水/冷凝水（pH>7）会稍微减慢腐蚀速率。

氯离子对所有的钢基物体都具有腐蚀性，但氯气（Cl_2）在pH等于10及以上更稳定。美国锅炉和压力容器检测委员会（NBBI）建议：锅炉水应保持在pH为11，并且冷凝水的pH应保持在7.5~8.5，这样可以更好地防止腐蚀问题的发生。

苛性碱作为添加剂被推荐用于调节pH，磷酸盐用于控制水垢，而硫酸氢钠用于控制氧气。另一个常见的处理方式是加入具有成膜性的胺（例如十八烷基胺）。这些长链氨基酸被加入到锅炉水中，当加热时，长链氨基酸蒸发并覆盖在蒸汽系统的表面，保护钢基物体免受腐蚀。该产品使用时要求针对锅炉的特性而定，取决于锅炉的尺寸、压力和系统变量等。啤酒厂应该联系锅炉专家来了解更多详细的信息。

锅炉的另一个潜在问题是腐蚀性脆化。它主要发生在苛性碱（即氢氧化物）的局部浓度大于10%的地方，例如来自铆钉或者配件的缝隙。这种类型的脆化与应力腐蚀性开裂非常相似，且由于应力和腐蚀剂的协同作用，裂缝会在该处继续蔓延。使用偏亚硫酸氢钠和磷酸盐作为添加剂可以减轻腐蚀性脆化。

锅炉水处理不良所引起的问题如下。

（1）结垢与固体物质积累会降低效率。

（2）过多的气体、碳酸盐和苛性碱会导致腐蚀。

（3）锅炉水的pH应保持在11以将腐蚀的风险降到最低。

锅炉水的要求如下。

（1）锅炉水应由软化和脱碱的水、反渗透水或蒸馏水构成。

（2）美国酿酒师协会的《酿酒师实用手册》（第3版）建议的锅炉水成分的上限：

3500mg/L TDS

1000mg/L硬度

700mg/L碱度

300mg/L悬浮固体

125mg/L二氧化硅

锅炉水添加剂包括以下几类。

（1）螯合剂（即EDTA），去除钙；

（2）磷酸盐，去除钙；

（3）氧气清除剂（即亚硫酸氢钠）；

（4）成膜性胺类，以防止腐蚀；

（5）沉淀物调理剂，沉淀碳酸盐并使之通过排污去除。

锅炉给水的要求如下。

（1）低碳酸盐（$CaCO_3$低于50mg/L）；

（2）低氯化物（Cl^-）（低于50mg/L）；

（3）需要脱气（O_2应小于20μg/L）；

（4）二氧化硅浓度应非常低（最高25mg/L）；

（5）负责人应经常更换和检查锅炉水。

9.5 灌装用水

软化水在灌装操作的许多地方都会使用。由于它清洗得干净并且残留物较少，因此软化水是清洗的首选用水。对于装瓶线（图9.4）的一般清洗而言，用氯化物消毒的软化水是足够的。有自然软水的酿酒厂通常会使用原水。但用于瓶子漂洗的水却是另一种了。有时漂洗的水只能是软化水，有时会用加入了免洗的消毒剂（如二氧化氯或臭氧）并经过颗粒活性炭过滤后的水。尽管有些酿酒师更喜欢把反渗透水或脱气水用于这一工序，以使在灌装过程中尽可能少吸入氧气，软化水也可用于装瓶时去除啤酒泡沫（即盖住泡沫）这个与啤酒接触的最后一道工序。

图9.4　美国加利福尼亚州奇科市内华达山脉酿酒公司的装瓶线之一

巴氏消毒线考虑的主要因素是结垢和腐蚀。巴氏灭菌器中使用的水是软化水，通常含有与处理锅炉水和给水类似的防腐剂。

酒桶的清洗和灌装操作与瓶装操作有所不同。在酒桶中积累碳酸盐垢和啤酒石的可能性更大，因此软化水甚至是去离子水的使用更为常见。不锈钢材质的桶可以进行蒸汽消毒，但也可以使用免漂洗消毒剂。

灌装水注意事项如下。

（1）一般清洗用水的最低推荐标准是软化水。

（2）建议将颗粒活性炭或纯净水过滤器处理过的水作为漂洗用水和去泡沫用水。

（3）脱气水能在灌装过程中减少氧气的吸收，提供更好的保护。

9.6　产品推送用水

啤酒厂中的传动管、软管中可能存有大量的啤酒，从而造成产品的损失和浪费。用水在长管道中推送产品可以为大型啤酒厂节省大量资金。将麦汁转移到发酵罐或将成品啤酒推送到清酒罐或装瓶线上时，恰当的流量或体积的推送水会使麦汁和啤酒的浪费最小。

在推送麦汁时，水需要无菌脱氯水但不需要脱气，因为酵母在发酵过程中会消耗所有添加的氧气。但我们强烈推荐使用脱气水来推送啤酒，理想情况下，采用啤酒发酵后的稀释用水。然而，由于啤酒和水之间的界面较小，接触时间较短，许多啤酒厂考虑到少量的产品损失对整体收益不算太重要，在推送过程中会稍微早一点停止麦汁的转移。

推送产品的用水的注意事项如下。

（1）无菌、脱氯水最适合推送麦汁。

（2）无菌、脱气水（<15 μg/L）最适合推送啤酒。

（3）然而，通过精确的流速/体积调节且由于麦汁/啤酒的接触量很小而可以被丢弃时，不太严谨的条件也是可接受的。

9.7 稀释用水

在具体实践过程中，煮沸麦汁的浓度通常高于目标浓度，当煮沸结束后通过稀释达到目标浓度。在某些情况下，酿酒师们煮沸麦汁的浓度超过目标浓度30%或者更高，这被称为高浓度和超高浓度酿造。这种做法不仅确保了麦汁起始浓度的一致，而且对于生产同一规格的产品至关重要。在此过程中，重要的是麦汁稀释用水应具有与酿造液相同或更高的钙含量，可以在灌装之前促进草酸钙沉淀。钙含量越高，在酿造过程中越能较早促进草酸钙沉淀的产生。通常，酿造水中的钙浓度应至少是麦芽中草酸盐浓度的 3 倍。如果草酸钙在瓶中沉淀，则会起到起泡剂的作用，当瓶盖打开时整个瓶子都会变成泡沫。在老化罐和清酒罐中，草酸钙（啤酒石）的存在给清洗过程带来额外的劳动和费用。

有两种高浓度酿造的方法：第一种是在发酵前稀释麦芽汁，第二种是在发酵后稀释啤酒。当发酵容量超过煮沸醪液量时，发酵前稀释最常用于低浓度啤酒。发酵前的稀释比发酵后的稀释更简单，因为发酵前的稀释用水不需要脱气。发酵前的水必须消毒，最常见的方法是无菌过滤、紫外线灭菌和加热灭菌。强烈建议此时的稀释率不能超过30%。

在啤酒厂使用的所有水中，发酵后的稀释用水要求最严格。它首先必须无菌，同时也必须脱气以防止啤酒膨胀。不同的脱气方法具有不同的功能：在正常大气压下沸腾水只能将溶解氧水平降低到约 4 mg/L。在啤酒生产过程中这种氧含量可能在50年前可以接受，但今天是不能接受的。

当前，啤酒行业指南中列出的啤酒灌装的最大可接受含氧量应低于50 μg/L，而通常的含氧量低于30 μg/L，而许多啤酒厂的目标都低于10 μg/L。如果产品被碳酸化，则稀释水也必须碳酸化。幸运的是，现今的脱气器都使用二氧化碳作为气提气，所以剩余的二氧化碳在这里不是问题。发酵后稀释通常在灌装线上进行，可以大大地节省存储设备和制冷成本。为了防止草酸盐沉淀的产生及泡沫从瓶中涌出，发酵后的稀释水具有比啤酒更低的钙浓度。啤酒中的钙含量可能是酿造水中原始钙含量的1/3。因此，确保剩余的钙含量不超标以防止沉淀是非常重要的。

稀释用水注意事项如下。

（1）应根据需要调整钙含量，以防止啤酒灌装中的草酸盐沉淀。

（2）需要灭菌。

（3）通常采用活性炭过滤以除去所有的有机气味和残余氯。

（4）溶解氧越少越好。

（5）如果在啤酒灌装中稀释，稀释水可能会被碳酸化。

总结

本章旨在概述啤酒厂中对其他工序用水的要求。将水质设计纳入啤酒厂的运行中有很多方式，而后勤和财务也往往是设计水处理系统的重要因素。这个想法是为了在自然进程中建立处理流程，以便在需要时能以最经济的成本获得适当质量的水，并且在不需要时不会浪费高质量的水。否则将是金钱的流失。

“你需要多少水就用多少水，一滴也不要多。”

——拜尔的谚语

10

第 10 章 酿酒厂的废水处理

啤酒厂的一天是这样结束的：麦芽汁制作好了，啤酒正在发酵中，部分啤酒被灌装好，仪器设备也清洗干净了，最后将废水排入下水道中。但是，直接将生产废水、多余的麦汁和在线清洗的废水排入下水道，由城市污水厂来处理，这种方式可行吗？

许多小规模的酿酒厂确实可以如此处理。城市污水处理厂每天能为这些酿酒厂处理378~1900L废水或麦芽汁。但是，大规模的酿酒厂（规模大小取决于城市或污水处理厂的处理能力）就需要支付更高的废水处理费或者在排放前自行处理。

本章将介绍酿酒厂废水处理的常见方法，这些方法不全面，也没有好坏之分。有很多废水处理工艺可供我们选择。我们需要综合考虑当地或者国家的要求、支付能力，也可以咨询专业人员来选择最适合的工艺。本章主要介绍什么是废水，为什么要进行废水处理，以及如何处理废水。

10.1 什么是废水

由于人类使用而导致水质恶化的水被称为废水。这里的水质指饮用水水质。废水中通常含有悬浮固体、溶解性固体、某些液体或气体。酿酒过程会产生大量废水：每生产1体积啤酒，需要消耗5~8体积水；同时，每生产3.8L啤酒，需要消耗0.9kg成熟谷物。此外，在发酵罐或者悬沉罐中都会产生大量的蛋白质和啤酒花等固形物。其中一部分可以作为固体废弃物进行收集和处理，但是大部分蛋白质和啤酒花残渣都进入了废水中。酿酒过程中的大部分废水都来自于清洗过程。废水中含有腐蚀性物质、消毒杀菌剂、酸性物质和酿酒残渣。废水的污染程度可以通过很多指标进行表征，其中最常用的是生化需氧量（BOD）和化学需氧量（COD）。BOD是指在细菌培养器中连续培养5d，通过测定该过程中微生物降解废水中有机物所消耗的氧气量，而得出的废水中可生物降解的有机污染物的量（以mg/L O_2表示）。而COD测定比BOD更快速。它通过测定与样品发生氧化反应所消耗的强氧化剂（通常是重铬酸钾）的量，来计算出废水中可生物降解与不可生物降解的总有机物量。虽然COD测得的有机污染物量高于BOD，但是由于该方法具有快速性和稳定性，所以也经常用它来设计废水处理所需的工艺。其他确定废水中有机污染物含量的方法还有比色法（用于单宁酸和腐殖质）、溶剂萃取和TOC。TOC是把包括碱性物质（最后会被减去）在内的所有物质进行原子化并燃烧，然后测定所产生的CO_2含量。BOD能最好地指示酿酒废水性质，因此是最实用的参数，其他参数可根据实际情况自行选择。

酿造废水中需要去除的主要是有机污染物。酿酒废水中的有机污染物通常不是油和溶剂之类的化学污染物，而是可以为细菌和霉菌生长提供营养的蛋白质类和糖类物质。如果未经处理就排放到江河湖泊，会使微生物因获得充足的营养而大量繁殖，进而消耗掉该生态系统中的所有氧气，破坏生态系统。

10.2 为什么要进行废水处理

酿酒废水具有高污染性，已成为城市废水处理中的一个主要问题。通常，酿造废水中含有的固体悬浮物浓度为400~800mg/L，BOD为2000~3500mg/L，废水温度甚至可能高于60℃。由于工艺中采用苛性碱清洗和酸洗，导致废水pH轻松超出5~11。另一方面，酿造废水中的酵母菌会和水处理设备中的消化细菌竞争，甚至超过消化细菌的数量。此外，残余的消毒杀菌剂也会杀死消化细菌，进而导致水处理系统性能下降。

酿酒废水的水质会随相应的酿酒过程发生变化，如清空糖化锅、清洗发酵罐或者冲洗设备。首先将酿酒废水转移到一个调节池内，在调节池内与其他废水混合并被稀释，然后缓慢匀速地向该废水中投加微生物分解废水所需的营养物，这种方式能更有效地处理废水。因此调节池是酿造废水处理系统中的第一步。

美国规定的可排入地表水中的废水处理标准如表10.1所示。1972年颁布的《清洁水法》规定了国家污染物排放削减制度（NPDES）。任何超出该标准的废水必须经过处理（即污水处理厂处理）后，才能排放到环境中。

表 10.1　　排放到地表水中的国家污染物排放削减标准

废水指标	限值
pH	6~9
温度	38℃
BOD	30mg/L
TSS	30mg/L
TDS	（变化）
磷	（变化）
氨	（变化）

酿酒厂可排放到当地污水处理厂的废水标准根据不同地区的法律和要求不同而变化。通常，就BOD和总悬浮固体（TSS）而言，排放到污水处理厂的酿酒废水的标准要低于排放到环境中的标准要求。美国对于排放到下水道的废水水质标准如表10.2所示。

表 10.2　　美国下水道废水排放标准

废水指标	限值
流量	<95m^3/d*
温度	60℃
pH	5~11
BOD	250mg/L
TSS	250mg/L
脂肪、油、油脂	100mg/L

注：* 对于污水排放量大于 95m^3/d 的大型工业企业，需要缴纳更高的处理费用，满足更严格的标准要求。

污水处理厂的负荷包括污水总量和污水浓度两方面。平时的生产活动产生的废水体积大但浓度低，其处理相对容易。而排放体积小但浓度高的废水在排入污水处理厂之前或之后会和其他低浓度废水混合并被稀释，处理难度也被降低。但是排放量大浓度也高（如高生化需氧量BOD）的废水处理则是一个难题。此外，美国环保局（EPA）规定，排放量超过95m³/d的企业为大型工业企业，需要缴纳更高的处理费用，水质要求也更严格。一个年产量约为12000kL啤酒的中等规模啤酒厂，废水的产生量通常是啤酒产量的4倍。

10.3 如何处理废水

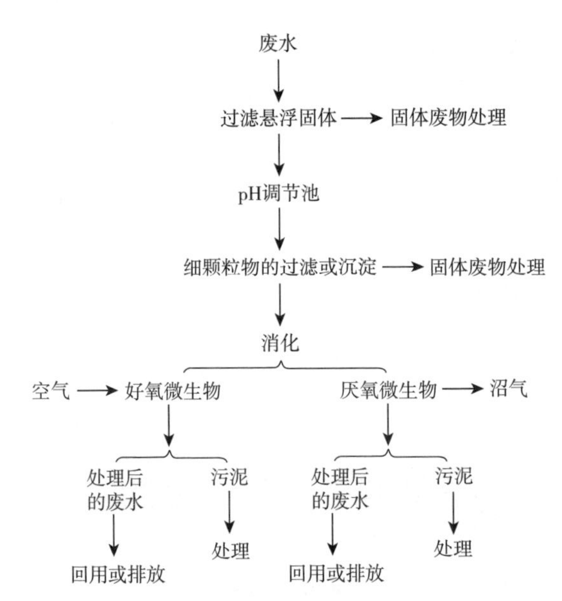

图10.1 废水处理流程图

注：首先去除悬浮颗粒物，然后过滤去除细颗粒物，调节 pH，最后通过好氧或厌氧消化降低废水中的 BOD。

酿酒废水、工业废水以及市政污水的处理步骤大致相同。首先是利用格栅或沉淀池去除较大的悬浮固体，如木材、玩具、鞋子、动物残骸、厨余垃圾和颗粒物等，以避免其对后续处理的影响。格栅通常只能去除大颗粒，下一步是去除格栅未能去除的悬浮固体（如细颗粒物）和溶解性固体。细颗粒物和溶解性固体通常是被反应或者被消耗掉，进而从水中去除。酿酒厂废水中的细颗粒物密度近似于水的密度，采用沉淀法去除非常耗时。而溶解性固体通常不能通过过滤去除，虽然某些污染物能通过活性炭过滤去除。为使后续处理更加持久高效，通常需在进行化学或者生物处理之前调节废水的pH。在废水中的溶解性固体被去除、削减或浓缩后，剩余污泥被收集运往垃圾填埋场或用其他方式处置。部分处理后的水通常在处理过程中回收，经过进一步处理（如反渗透）后回收利用。后面的章节将会对后续处理方法进行详细介绍。

10.4 去除悬浮物

酿酒废水通常含有大量的悬浮物。这些悬浮物包括废弃的谷物、啤酒花、酵母菌、蛋白质、单宁酸、碎玻璃和瓶盖等。市政污水处理厂过滤格栅的间距通常是6mm。但是处理酿酒废水的格栅间距要小于2mm。隔栅过滤后的废水进入后续的调节池，以调节pH和流量，使其满足后续工艺的处理要求。

用于去除悬浮固体的格栅可以是静止或者旋转的，但这两种方式都需要去除截留固体物并清洗格栅。静止的格栅一般通过耙子、刮刀或弧刷来保持清洁。旋转格栅（图10.2）通过旋转来倾倒收集的固体废物以保持清洁。

格栅截留的固体废物可根据其成分用于堆肥、室外花园填埋或者运送到垃圾填埋场。

图10.2 美国加利福尼亚州内华达山脉酿酒公司的旋转格栅

10.5　调节 pH

格栅之后通常是调节池，它具有两个作用：第一，可作为蓄水池按一定的速度储存和分配废水；第二，调节废水的pH以使其适应后续的处理过程（例如消化等）。第一个功能类似于过滤，可截留废水中的杂质并通过计量使废水匀速从调节池中流出。酸洗液与腐蚀性原位清洗（CIP）清洗液之间存在pH差异，所以需对其进行pH调节。一些啤酒厂使用自动化酸碱分配系统对调节池内混合液的pH进行监控，而其他啤酒厂只有单独的投加系统。如果调节池足够大，那么酸性和碱性废水就可以在调节池内中和而无需人为干预。调节池出水的pH需要控制在一定的范围内以免影响后续的处理过程。一个小型啤酒厂的出水如果直接排放到当地污水处理厂进行处理，其出水pH需为5~11。然而，如果废水排放量较大或者需要在啤酒厂内部进行进一步的处理，则pH的适宜范围为6~9。如果废水需要进行消化处理，那么就可能需要更严格地控制出水pH。

一般而言，水质均衡且水量稳定的废水比较容易处理。

10.6　过滤微粒

啤酒废水中含有很多细小的悬浮性固体颗粒，其直径通常小于1mm，这些细小的颗粒可能是碳水化合物、蛋白质、来自啤酒过滤后的二氧化硅或酵母。虽然有机物可通过后续工艺消化去除，但是过滤细颗粒有利于从啤酒废水中提取净化水并减少后续处理水量。

大多数工业企业分离悬浮固体的首选方法是沉淀，但是这种方法可能不适用于酿酒废水。啤酒废水中谷物、啤酒花以及残渣的颗粒密度与水的密度相近，因此固体杂质不能很快沉降，而往往需要较大的沉淀池、较长的时间才能完成沉降。虽然可以使用混凝剂和絮凝剂来提高沉降效率，但是这些化学药剂通常比较昂贵。这些颗粒物也可以通过气浮作用反向分离去除，但是对于啤酒厂来说，该方法存在一些问题，即由曝气产生的高浓度溶解氧、大量的细小颗粒以及少量的废酵母会在分离池中大规模发酵并产生大量副产物。

还可以采用其他技术浓缩这类细小颗粒，其中应用最为广泛的是膜技术中的微滤技术。微滤可以利用微孔滤膜过滤废水生成净化水，经常用于好氧消化系统的膜生物反应器（MBR）中，这些内容将在后面的章节进一步介绍。

微滤技术能够滤除酵母菌和细菌，瓶装水处理常利用这种技术去除微生物。酵母细胞通常为0.005~0.010mm，而细菌又比酵母细胞小10倍左右。微滤膜的孔径范围是0.1~10μm（即与细菌和酵母菌大小相同）。微滤膜主要分为中空纤维式、平板式、管式和卷式几类。在连续处理工艺中，可将膜布置在支架或者形状相似的载体上便于微滤膜的维护。

微滤膜过滤时会通过施加抽力在膜两侧形成压力差，从而将滤液从出水中分离出来。膜进料侧与滤液侧的压力差被称为跨膜压差（TMP），过滤过程中操作压力一般是14~18kPa。随着进料侧膜污染的形成，跨膜压差也会逐渐增大。目前通常采取气洗或水洗的方式来防止进料侧膜纤维表面固体污染物的富集并维持较低的跨膜压差。例如，可以在膜下方设置曝气头产生的大气泡对膜外表面的冲刷作用来减少固体污染物的富集。

膜过滤的工作周期中包括膜松弛阶段或浸泡阶段，此时系统内压差降低或归零。在膜松弛阶段过滤过程会短时间暂停（通常是几分钟），这时可以利用冲刷作用有效去除膜表面富集的颗粒性物质，该过程可以根据需要每小时循环数次。

定期维护还包括每周利用化学反洗清除膜上难以去除的沉积物。化学反洗通常是将低浓度的氯溶液或其他清洗剂以低通量向膜的滤液侧注入一段时间，利用氯溶液浸入膜纤维和膜孔中来分解常规冲刷难以去除的污染物。化学反洗之后可以在无压的膜松弛阶段去除易脱落的污染物，使膜系统恢复到初始性能。

10.7 消化

细小和溶解性的固体可以利用微生物的好氧或厌氧消化作用分解。这些微生物可以是不同种类的细菌、原生动物、真菌、藻类、轮虫和蠕虫，微生物的种类取决于待处理的污染物类型。在处理啤酒废水时，主要利用的微生物是细菌。

微生物对温度和pH较为敏感，温度在30~35℃、pH在6.5~7.5范围内最适宜其生长。微生物生长的pH范围可以达到5~9，但6.5~7.5为最佳。消化过程中产生的CO_2和硝酸盐会导致pH快速下降，其下降幅度及速度取决于系统内细菌的代谢情况。如果系统内pH下降，就需要迅速对其进行调节从而避免微生物的死亡以及处理过程的停滞。啤酒生产时通常使用碱度较低的水，由于水体缓冲能力相对较低，故处理时容易产生较大的pH波动。

微生物的营养需求也很重要，通常啤酒厂废水可以提供这些微生物（主要是细菌）所需的一切营养物质（磷酸盐、钙、镁、硫酸盐等）。然而与酵母菌相同，这些微生物有时也需要外加氨氮来保持良好的生长状态。为了保持微生物的最佳生长状态，废水中BOD/N/P比例通常需要保持在100：5：1左右。表10.3给出了典型的啤酒厂废水的水质情况，由于酿酒过程不同，其水质会发生变化，通常认为COD浓度大于5000mg/L属于高浓度废水。

表 10.3　　　　典型的啤酒厂废水水质

水质参数	浓度 /（mg/L）	产量 /（g/L）
总化学需氧量（COD）	3000~5500	6.9~21.4
总生化需氧量（BOD）	2000~3500	—
总悬浮固体	400~800	0.86~3.14

消化作用有两种类型：好氧消化和厌氧消化。好氧微生物利用空气（主要是氧气）生长并消化掉废水中的污染物；而厌氧微生物则在缺氧的条件下进行消化作用并且产生气体（主要是甲烷）。两个过程几乎可以消耗掉啤酒废水中所有的BOD，并产生BOD很低的生物质污泥。这类生物污泥性质稳定，可以直接填埋或用于堆肥。其他工业污泥可能含有少量重金属或有害物质，不易进行处置，但啤酒污泥则具有很大的应用潜力。

10.7.1　好氧处理

好氧处理的方法和装置十分简单：建造一个大池子、安装好曝气装置，投加微生物后系统很快就可以降解BOD。废水和微生物的混合物经过曝气可以消化废水中的BOD。将生物质和处理后的废水输送到澄清池，在澄清池中分离废水与微生物，分离出来的微生物回流至曝气池以保持混合液中生物质的平衡。好氧处理系统适合处理中低浓度的废水。

注意酒花油及消毒剂!

消化池中的微生物对于啤酒花和消毒剂的抵抗力远不如其他啤酒腐败菌。啤酒花会抑制消化微生物的活性并导致处理效果变差。由于近年来人们对精酿啤酒的喜爱和干投酒花的使用，使得一些啤酒厂在处理废水时出现了一些问题。对此，最好的解决办法便是增加额外的处理工艺去除废水中的啤酒花（即需要效果更好的格栅）。

消毒剂会抑制微生物的降解活性，因此通常希望消毒剂在调节池中便失效。但事实并非总是如此，过氧乙酸消毒剂具有最强的残余活性，需要在其进入消化过程之前采取额外措施来中和消毒剂。投加碱性添加剂就是降低过氧乙酸活性的有效方法。

图10.3　美国科罗拉多州柯林斯堡的新比利时酿酒公司的好氧消化池

澄清池可以设计为水槽或者池塘。池塘可以是圆形的，从中心流入、从池子周边流出；池塘也可以是矩形的，从一端流入、另一端流出。池塘入口和出口之间的距离可以为相对较重的生物质沉淀提供充分的分离时间。沉淀后的水从澄清池上方排走，生物污泥从澄清池下方收集后泵送回曝气池用于降解更多的BOD。系统排放的剩余污泥通常需要脱水处理，以便可以更好地处置。污泥处置主要有以下几种途径：土地回用、堆肥和填埋。

好氧处理的优势在于易于建设和运行，扩建也较为容易。运行得当的话，从曝气池中产生的气味很小，其中主要成分为CO_2和水。运行不当则有可能会导致微生物死亡，池体趋于厌氧并且会导致附近恶臭熏天。从经济性来说，好氧处理适合于每日COD负荷低于2300kg的情况，一旦超过这一负荷，厌氧系统就会比较经济。

好氧处理系统的缺点在于曝气需要消耗大量的能量，曝气池和澄清池占地面积大，污泥产量高（即处理后的污泥量大）。可扩展性（建设更多的曝气池）虽然是一个优点，但需要占用大量的空间。废水量较大时经常会超过系统的处理能力，通常不是由于水体浓度高，而是由于废水体积大。这也是脱水过程很重要的原因。膜技术有助于废水的脱水过程，因此膜生物反应器得到了应用。

10.7.2 膜生物反应器（MBR）

MBR工艺取代了传统的沉淀澄清池。MBR装置的占地面积要小得多，通常是原处理装置的5%，或者更低。MBR实质上是一个纤维式微滤膜或微滤片组成的装置，可以将其放置在消化池内部或旁边，在保持消化池内生物量的同时它可以过滤掉多余的水。根据需要，分离膜可以采用微滤膜（~0.1 μm孔径）或超滤膜（~0.01 μm孔径），以实现泥水的完全分离。MBR出水通常不含微生物且很清澈，只有少量悬浮固体（如单宁酸）。出水仍然含有所有的无机溶解性固体（矿物质）和一些未消化的有机物（残余磷酸盐、单宁等），但含量已经大大降低。同时，被浓缩的污水仍然保留在曝气池内进行进一步的分解。

使用气泡流冲洗MBR单元的微滤丝或微滤片表面有助于防止膜污染。巨石酿酒厂多年来一直将此装置与好氧消化池配套使用，已经证明这种装置非常可靠且维护成本低。MBR工艺降低了处理系统中废水的总体积，并且其出水可以作为用于非关键设备的清洗用水。这种水不含微生物，可以作为饮用水，但是水中没有残余消毒剂。与初始水源相比，这种水含有较多的溶解性磷酸盐（~50mg/L）和单宁酸，但要比未处理的废水少得多。水质通常具有茶（或啤酒）的颜色，并且带有些许干燥的泥土气味。在巨石酿酒厂，大部分回收的MBR出水被送入反渗透系统进一步净化。考虑到加利福尼亚州南部的巨石酿酒厂的用水成本以及水资源短缺的情况，水体的回收利用很有吸引力。

10.7.3 厌氧处理

好氧消化系统简单有效，但是占地面积大且运行能耗高。与之相比，厌氧消化系统占地面积小，运行较为复杂，但是可以产生沼气用于自身的能源消耗。厌氧消化目前是处理啤酒废水最合适的技术。这项技术使用密闭的容器使处理过程与空气隔绝，从而创造出厌氧环境（图10.5）。美国啤酒厂最常用的厌氧消化装置是UASB（升流式厌氧污泥床，如图10.4），也有其他装置，如EFB（膨胀流化床），此装置中废水通常与生物质一起混合搅拌。这些系统需要使用专用的储罐，并且需要小心操作。此外还可以使用带有强制循环系统的密封罐来保证罐内良好的混合效果。线性运动混合（LMM）是一种新型的节能混合技术，它使用缓慢移动的活塞来保持罐体内物质的混合状态。这些消化系统都有一个共同的特点：将大量的BOD废物转化为甲烷气体，同时比好氧消化过程产生更少的污泥。

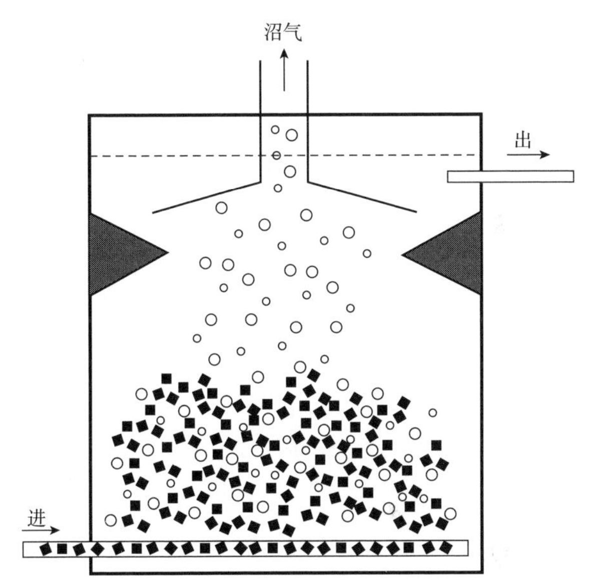

图10.4　升流式厌氧污泥床系统中沼气的收集

所有的厌氧消化工艺都使用产甲烷菌（产生甲烷）来处理废水，有时也会使用乙酸菌（产生乙酸），但通常不需要分解啤酒废水中的污染物。甲烷菌的适宜温度为30~35℃，但是乙酸菌的适宜温度比甲烷菌更高。厌氧菌对环境条件非常敏感，可能会被酵母菌取代成为优势菌。因此，厌氧消化工艺对条件要求严格，需要持续进行监测。

厌氧消化的好处是可以产生甲烷气体。理论上甲烷有三种处理途径：可以将其在空气中燃烧，可以将其净化后在啤酒厂中使用，或者可以将其净化后出售。沼气中除了甲烷还有50%~70%的其他气体，其中大部分气体是二氧化碳和水蒸气，还有微量的硫化氢和其他碳氢化合物。沼气净化过程即是去除这些除甲烷气体外的杂质。净化后甲烷气体可以用于锅炉或发动机。沼气干燥后的热值通常为18.64~25.1kJ/L，而天然气约为38.03 kJ/L，丙烷气体约为93.2 kJ/L。干燥过程通常是通过加压和冷凝过程来实现。

图10.5　位于美国科罗拉多州柯林斯堡的新比利时酿酒公司的厌氧消化系统的顶部。厌氧系统与周围的空气隔绝，所以在外面看不到其组成部分。

10.8　污泥脱水

消化池产生的污泥或生物质中的营养物质含量较少且臭味较轻，为了便于处置并降低运输费用，需要去除这些污泥中的水分。污泥中的水分可通过过滤或滗水器的离心作用去除，向污泥中投加混凝剂可促进脱水过程、改善处理效果。例如，美国的巨石酿酒厂采用沉降式离心机进行脱水处理，产生的污泥干燥（仅含18%的水分)、松碎不结块，且气味很小（闻起来像泥土）。大多数垃圾填埋场不接收液体废物，因此污泥填埋处理前需要脱水。如果污泥被用于土地改良或土壤修复，则可以有选择地进行脱水。虽然整个处理过程会明显减少污泥中的营养成分，但污泥仍是农业用地土壤修复的理想材料。

总结

啤酒厂用水量很大。但随着水资源日益稀缺，节约用水和用水管理变得越来越重要。啤酒厂中的废水可以通过几种不同的方式处理，并且步骤通常较为简单。对于任何啤酒厂，甚至是小型啤酒厂，水处理第一步都是设置一个调节池，以调节废水的浓度和体积。在将啤酒废水排入城市污水管网或污水处理厂时，调节池对于避免被处罚具有很大的作用。后来，随着啤酒厂的发展，调节池的设置逐渐成为废水内部处理的第一步。随着废水量的增加以及废水处理附加费的增长，对啤酒废水进行预处理变得更为经济。的确，做这些处理工作需要花费时间和金钱，但是这些付出不会被浪费。询问任何一家中型啤酒厂关于内部废水处理的投资，得到的答案通常都是“这样做是为了省钱”。

附录一

化学术语表

为便于阅读本书中有关水与酿造过程的论述，本附录提供了这一术语表。

Δc_0——在总碱度滴定过程中，电荷从最初的水的pH至pH 4.3的变化。

Δc_Z——电荷从最初的水的pH到目标糖化醪pH的变化（Z pH）。

°L——麦芽罗维朋色度。

酸——根据布朗斯特—劳里酸碱质子理论，酸是质子供体。当酸提供一个质子时，剩下的分子称为共轭碱。例如：离子化合物HCl是一种酸，它提供质子（H^+），余下的Cl^-则被称为共轭碱。一元酸仅能提供一个质子，多元酸则能提供多个质子。

酸/碱对——酸与其共轭碱或碱与其共轭酸称为酸/碱对。

酸度——改变某物质一定量的酸碱度（pH）所必需的碱的量。酸度必须总是根据pH的终点或pH变化的大小来确定。

碱——包括习惯上称为碱的一类物质，确切的说它是碱金属或碱土金属（即元素周期表上的前两列）的碱性离子盐。

碱度——改变某物质一定量的pH所需的酸的量。碱度必须总是根据pH的终点或pH变化的大小来确定。

胺——胺是一种化学结构由氨（NH_3）其中的一个或多个氢原子被烃或烃基取代的物质。氨基酸是由羧酸和各种侧链有机分子组成的胺。氯胺是其中一个（或多个）氢被氯原子取代的胺。

ASBC——美国酿造化学家协会（American Society of Brewing Chemists）。

原子——原子是我们世界所有固体、液体和气体的基本组成部分。原子是元素的最小单位，例如氧原子、铁原子或碳原子。

原子质量——基本原子质量的单位是“统一原子质量单位，用‘u’表示”。有时称为道尔顿（简称Da），特别是生物化学家们更常用该单位。一个原子的原子质量是其原子重量，用u或Daltons表示。1道尔顿或u定义为碳12原子的质量的1/12。一道尔顿的质量大约为1.6605×10^{-27}kg。无论是质子和中子的质量约为1u。准确地说，一个质子的质量是1.00727647012u，一个中子的质量是1.00866490414u。一个电子的质量为$5.48579903 \times 10^{-4}$u，约为一个质子质量的0.05%。这就是为什么电子的质量在大多数的计算中都被忽略的原因。

原子序数——原子核内的质子数。原子序数区分并定义元素周期表中的每个元素。

原子量——元素的原子量是元素同位素质量的加权平均值。元素上的原子量常用来计算分子质量和摩尔质量等。见“原子质量与同位素”。

阿伏伽德罗常数（Avogadro's Constant）——每摩尔6.022×10^{23}个“物质”。无量纲，但它是用来描述1mol氧原子数的，即重16g的1mol氧中的氧原子的数量。

碱基——根据布朗斯特—劳里酸碱质子理论，碱基是质子受体。当碱基接受质子，分子的剩余部分被称为共轭酸。例如，离子化合物$Ca(OH)_2$是碱基，其接受质子，余下的Ca^{2+}是共轭酸。

生物杀灭剂——能通过化学或生物方法阻止或破坏任何有害生物的杀虫剂或抗菌剂。

生物需氧量（Biological Oxygen Demand，BOD）——生物需氧量表示通过测量培养箱内细菌在5天内消耗的氧气量来衡量废水样本中可生物降解有机物的数量，以mg/L O_2表示。

缓冲剂——弱酸或弱碱，其作用是调节溶液pH的变化。它的工作方式是，缓冲剂的解离常数在溶液的pH附近，当添加一种化学物质如强酸或强碱时，缓冲剂将遵循勒夏特列原理解离或重新结合而保持平衡，从而最大限度地减少pH的变化。当pH接近缓冲化合物的pK时，或当缓冲液中有一个或多个离子与添加到溶液中的化学物质相同时，缓冲液是最有效的。

缓冲能力——一种物质的缓冲能力是其抵抗pH变化的能力。物质的酸碱度等于物质的缓冲能力乘以pH的变化。这与电流、电阻和电压之间的关系非常相似。详见欧姆定律（U=RI）。

伯顿化——把盐（主要是硫酸盐）加在酿造水中，模仿英国著名的特伦特河畔的伯顿镇的水的行为。

碳酸盐种类——有时也被称为碳酸盐系统。碳酸盐有三种形式出现：天然水中的碳酸（H_2CO_3）、碳酸氢根（HCO_3^-）和碳酸盐（CO_3^{2-}）。这些物质的总和通常被量化为c_T或碳酸钙的总碱度。见c_T或碳酸钙的总碱度。

电荷——离子上的价电荷。较强的酸或碱具有恒定的电荷，但在碳酸盐和碳酸氢盐，弱的多元酸如磷酸的情况下，每一个弱的酸或碱的摩尔电荷随pH变化。

螯合——金属离子与其他分子之间的一种分子键。它是一种比离子或共价分子键更松散的键，其中金属离子仅与螯合剂密切相关，可以在不需要化学反应的情况下分离。它可以比作使用管道胶带而不是焊接两部分在一起。

化学——从广义上讲，化学是描述物质及其特定条件下行为方式的科学。它是一门广泛的学科，包括普通化学、分析化学、生物化学、物理化学、电化学、无机化学、有机化学、量子化学、高分子化学、分子生物学和核化学等分支学科。水化学涉及普通化学、无机化学和物理化学等学科。普通化学涉及物质的基本组成：电子、质子和中子，以及它们结合形成各种原子、离子和化合物的方式。有机化学涉及的是碳化合物（既可来自生物也可是合成物），而无机化学涵盖了一切其他物质。酿造用水主要的研究是无机的。很多关于碳酸盐的说法，尽管也含有碳元素，如碳酸钙是一种矿物质，但不被认为是有机的。物理化学主要包括溶液和气体的性质、物质的溶解度、酸和碱与pH的关系和化学平衡等，这是非常重要的水化学内容。

化学方程式——化学方程式是用来描述化学反应的反应物和产物，其一般形式为A+B⇌C+D。反应的程度是由反应平衡常数来描述的。见平衡常数和化学计量学。

CIP——原位清洗（Clean-In-Place）。

化学需氧量（Chemical Oxygen Demand，COD）——化学需氧量测试通过测量与样品反应的强氧化剂（通常是重铬酸钾）的量来测量可生物降解和非生物降解有机物的含量。与BOD测试相比，COD测试高估水中有机污染物的量，但其速度和一致性使它在规划水处理中更有价值。

化合物——化合物是由两个或多个元素组成的唯一可识别的化学物质。化合物是通过化学反应形成的，可以通过化学键固定在一起的结构物。

总碳（c_T）——溶液中碳酸盐（H_2CO_3，HCO_3^-，CO_3^{2-}）的总摩尔数。碳酸盐引起的水的碱度等于c_T乘以电荷的变化值作为pH的函数。详见第5章。

道尔顿（Dalton，Da）——见原子质量。

道尔顿分压定律——系统中的总压力是系统中气体的分压之和。

消毒副产物（Disinfection Byproduct，DBP）——氯消毒过程的副产物如三卤甲烷（THM）或卤代乙酸（HAA5）。

DIY——自己动手做（Do-It-Yourself）。

分散剂——在分散剂的作用下可降低液体的表面张力或增加表面活性剂等的可湿性，也用作悬浮剂以防止物质在液体存在下聚集。

DI——去离子（De-ionized）。

酸解离常数——酸离解常数是描述酸分子解离程度的平衡常数的一种类型，用来衡量酸的强度。例如，磷酸是一种多元酸，具有三个解离常数，每个对应一个质子。第一个解离常数（pK_1）是2.14，第二个（pK_2）是7.20，第三个（pK_3）是12.37。认为是强酸（或强烈解离）的一个标准是溶液的pH至少两个单位高于酸的pK。因此，在糖化醪pH条件下磷酸的第一质子是强烈解离的（如附录二，附图2.5所示）。第二个质子不会强烈解离，除非醪液或溶液pH至少为9.20或更高。若需第三个质子强烈解离，溶液的pH必须是14.37或更高，这是很难实现的。

EBC——欧洲酿造协会。

EBCT——空床接触时间（Empty Bed Contact Time）即一个特定体积的水流经碳过滤器所需的时间。

EDTA——乙二胺四乙酸（Ethylenediaminetetraacetic Acid），一种常用的溶解碳酸盐垢的螯合剂。

元素——元素是由原子核中的质子数（带正电的粒子）所确定的，即原子序数。例如，碳有6个质子，氧有8个，金有79个。如果一个原子在它的原子核中与另一个原子有不同数量的质子，那么它是一个不同的元素。如果你有一个碳原子并设法从原子核中抽出一个质子，那么它不再是碳而是硼（原子序数为5）。

乳化剂——乳化剂的作用是用来稳定非稳定的乳状液如醋沙拉酱或沙

拉酱。

EPA——美国环境保护署（The United States Environmental Protection Agency）。

平衡——化学平衡是指反应物和产物的浓度不随时间变化的状态。当正向反应与反向反应速率相同时，系统也处于平衡状态。正向和负向反应的反应速率一般不是零，而是相等的。因此，反应物和产物的浓度没有净变化。

平衡常数——平衡常数（K）反映了反应产物对反应物的比例，但也可以由反应物和产物的浓度来描述，此时浓度通常提高到根据化学反应系数所确定的功率。

$$aA+bB \rightleftharpoons cC+dD$$

$$K=\frac{ac（A）\cdot bc（B）}{cc（C）\cdot dc（D）}$$

平衡常数是一个非常小的数值，如1.6×10^{-9}常被引述为pK。

当量——是与1mol氢离子（即质子）发生化学反应或供给1mol氢离子的量。

FDA——美国食品和药物管理局（The United States Food and Drug Administration）。

GAC——颗粒活性炭（Granular Activated Carbon）。见第8章。

谷物比——更具体地说应为水与谷物比，即水与谷物的质量比（L/kg）。

HAA5——卤代乙酸（Haloacetic Acids）。见第3章。

亨利定律（Henry's Law）——在一个恒定的温度下，给定的气体在给定的类型和液体体积中溶解的量与该液体平衡的气体的分压成正比。

离子——通常，原子中的电子数等于原子核中质子的个数，因此原子被认为是电中性的。含与质子不同的电子数的原子不是中性的，称为离子。离子在与其他元素和/或化合物的化学反应过程中自然产生。离子的基本元素与化合物电子电荷间的差异叫价，并表示为上标，Ca^{2+}，Na^{+}，或SO_4^{2-}。电子是带负电荷的粒子，因此失去电子的原子/化合物变为阳性，而获得电子的原子/化合物则变为阴性。

同位素——元素的同位素是原子核中不同数量的中子而不是典型的原子。事实上，一个元素的中子没有一个“正确”的比例（就像没有一种“正常”的啤酒一样），但有些同位素在自然界中比其他同位素更频繁。元素可以有几种同位素。最常见的例子是铀（原子数92），其在自然界中有3个同位素，铀238、铀235和铀233。铀238在其原子核内有146个中子而铀235有143个。元素中最普通的同位素通常不被标记为同位素。例如碳通常为碳12，而“碳14”被认为是一种不常见的碳。

勒夏特列原理（Le Chatelier's Principle）——这一原理可以概括为：平衡将对浓度、温度、体积或压力的变化作出反应，并根据变化的类型以维持平衡或建立新的平衡。这意味着，如果化学反应物的浓度增加，反应产物的浓度会随着平衡常数的增加而增加。

美拉德反应——食品的非酶褐变过程，是以法国化学家路易斯–卡米尔·美拉德（Louis–Camille Maillard）的名字命名。他于1912年首次对该反应进行了描述。这一过程的化学原理后来由美国化学家约翰·霍奇（John Hodge）在1953年定义，即其中一种氨基酸和一种糖反应生成数百种化合物。这些化合物中许多与食物的风味和香味相关。

MBAA——美国酿酒师协会（The Master Brewers Association of the Americas）。

MBR——膜生物反应器（Membrane Bioreactor）。详见第9章。

MCL——最大污染物标准（Maximum Contaminant Level）。详见第3章。

MCLG——最大污染物目标标准（Maximum Contaminant Level Goal）。详见第3章。

类黑素——红色和棕色色素聚合物，是由醛糖和氨基酸发生美拉德反应形成。它们与焙烤和焙烤食品的许多特色风味和香味有关。

M——摩尔浓度，单位：mol/L。

摩尔——“摩尔（Mole）”一词来源于“克分子”，用来描述等量的化学物质。这些物质可以是原子或分子（离子或电子电荷）。对于化学家来说，用来描述化学反应中所涉及的物质的数量是很有用的。因此，我们可以说，2mol的氢与1mol的氧反应生成1mol的水。然而，摩尔是随着原子理论的出现而发展起来的，因为科学家们正在对原子质量进行量化，至少有三个标准的候选者，即氢、氧和碳。最终，同位素碳12被选中，摩尔定义为12g C_{12}中的原子数。因此，阿伏伽德罗常数的定义为，在1摩尔C_{12}中的原子数，这个数字已经被实验确定为$6.02214078 \times 10^{23} \pm 1.8 \times 10^{17}$。元素的同位素在其核中的质子数与母体元素相同，但中子数不同。同位素是由核中的质子和中子总数确定的。例如，C_{12}的命名意味着原子除了6个质子外，还含有6个中子，其原子序数为6。

相对分子质量——有时称为物质的公式质量，等于构成它的所有原子的总质量。水由2个氢原子和1个氧组成，分子量为18。一摩尔的水重18g，由阿伏伽德罗常数个水分子组成。水合盐如氯化钙的相对分子质量包括与之相关联的两个水分子的相对分子质量。

分子——分子是一个公认的多原子物质的最小单位，由两种或两种以上的相同或不同元素的原子组成。

NOM——天然有机物质（Natural Organic Matter）。

NTU——浊度单位（Nephelometric Turbidity Unit）。

草酸盐——或乙二酸盐，是二元酸盐，草酸钙是肾结石和啤酒石的主要成分。包装后的啤酒中草酸钙结晶的析出可为二氧化碳气泡的快速演化充当成核点，称为喷涌。目前，影响麦芽的草酸含量的因素还不够明确。

氧化——氧化不仅仅是生锈或腐蚀金属，它实际上是一个分子、原子或离子的电子损失或氧化状态的增加。电子的损失也可以被认为是质子的增益，即质子受体，例如碱基。

PAC——粉状活性炭（Powdered Activated Carbon）。

PCE——四氯乙烯（Tetrachloroethylene）。

pH——在化学中，pH是根据浓度来衡量溶液中氢离子活性的参数。这个概念首先是由丹麦化学家瑟伦·彼特·路勒兹·索伦森于1909年在嘉士伯实验室提出，并于1924年修订成现代用法。

pH计——一个好的pH计通常要花费几百美元，但大部分成本都在电极中。建议你所获得的pH计至少具备±0.05pH的精度（如果不能达到±0.02）和自动校准功能（ATC）。当样品的温度与标定温度差几度时，ATC保持探头处于校准状态。具有两点校准能力的pH计优于单点校准的pH计。一支好的电极其分辨率为±0.02pH或更小。双接口电极比单接口电极不易受到污染，这点当使用黏性溶液如麦汁和啤酒时显得尤为重要。一些电极模型具有可冲洗性接口，它更易于清洗且使用寿命更长。

p*K*——平衡常数*K*的负对数。参见平衡常数或解离常数。

剩余碱度——剩余碱度（Residual Alkalinity，RA）见第4章。

还原——还原是电子的增益或是分子、原子或离子的氧化状态的降低。电子的增益也可以被认为是质子的损失，也就是质子供体，例如酸。

RO——反渗透（Reverse Osmosis）。

SAC——强酸性阳离子（Strong Acid Cation），即交换树脂的类型。见第8章。

盐——一种离子化合物（即通过静电电荷差结合在一起），它可能是酸碱中和反应的结果。碳酸钙是一种碳酸和氢氧化钙反应生成的盐。硫酸钙是由硫酸和氢氧化钙反应生成的盐。食盐是由盐酸和氢氧化钠反应生成的盐。酸和碱可以是任何类型；这些例子只是碰巧使用氢氧化物形式。

SBA——强碱阴离子（Strong Base Anion），即离子交换树脂类型。见第8章。

科学记数法和有效数字——科学记数法提供了一种表达非常小和非常大数字的简便方法。科学记数法表示为十进制数（称为简化的尾数）乘以10的幂（指数）。通常，尾数只有一个数字在小数点左边，其余的在小数点后面。例如，1500亿个酵母细胞可以写成1.5×10^{11}；钙离子浓度可以写作1.55×10^{-4}，等于0.000155。

从数值左边第1个不为0的数字起，到数值结束的所有数（包括0）被称为有效数字，用来表示数字的精确度。有效数字在称量和测量中很重要，因为它们告诉测量的分辨率。有效数字的规则如下：

1. 任何非零的数都是有意义的，例如，155具有3位有效数字。

2. 两个非零数字之间0是有意义的，例如，107也有3位有效数字。

3. 小数点后面的任何0都是有意义的，例如，1.4100有5位有效数字。

4. 含尾数零但没有小数点数字是模糊的。例如，数字1500是一个整数，表示大约为1500。如果尾随的零被加下划线或者加上小数点，例如1500（3）或1500.（4），则可以进一步显示精度。

这些规则也适用于科学记数法。数字1.500×10^3有4位有效数字，而1.5×10^3只有2位。

科学的计数法也简化计算。当科学记数法中的两个数相乘时，只需尾数相乘，指数相加。当科学记数法中的两个数相除时，只需尾数相除，指数相减。如2×10^{11}/（$4 \times 10^{2)}$ $=0.5 \times 10^9=5.0 \times 10^8$。

SMCL——次级最大污染物标准（Secondary Maximum Contaminant Level）。见第3章。

SRM——确定啤酒颜色的ASBC标准参照方法（Standard Reference Method）。

化学计量学——化学计量学是化学的一个分支，它研究反应物和产物的相对数量，使得平衡方程通常形成正整数比。一个平衡的反应方程不存在反应不

足或者过剩。例如，

$$Ca^{2+}+2HCO_3^- \rightleftharpoons CaCO_3\downarrow+CO_2\uparrow+H_2O$$

换句话说，1mol的钙离子（Ca^{2+}）与2mol碳酸氢根离子反应（$2HCO_3^-$）产生1mol的碳酸钙沉淀、1mol的二氧化碳气体和1mol的水。值得注意的是：钙原子数在方程的两边是一样的（1）；边的碳原子数相同（2），两边的氧原子数相同（6），两边的氢原子数相同（2）。左边的电荷之和等于右边电荷的和。这个方程式是平衡的，电荷是平衡的。另外，如果我们计算箭头一侧的所有原子，则在另一边有相同的原子数。这是一个平衡方程的定义。与句子结构一样，一个平衡方程并不总是正确的，但一个不平衡的方程总是错误的。

表面活性剂——表面活性剂起到润湿剂的作用，降低液体和固体之间的表面张力。

泰勒级数——一种数学展开式，它把函数的无穷和项从一个函数的导数的值中计算出来。从多项式曲线拟合中描述一条直线的方程是泰勒多项式的一个例子，其中一个有限的和项（子集）通常用来描述功能。

TCE——三氯乙烯（Trichloroethylene），一种工业溶剂。

TDS——总溶解固体（Total Dissolved Solids），即溶解于水中的任何物质，如氯化钠、糖或碳酸钙等。

滴定法——确定一个已知溶质的浓度的一般实验室程序。因为体积测量起着至关重要的作用，它也被称为定量或容量分析。在酸碱滴定法中，试剂（通常是一个强的酸或碱）是通过一个标准的程序而制备。用于改变溶液pH到指定终点的试剂的特定量（体积×浓度）决定溶质的未知浓度。滴定法中经常使用的一种称为指示剂的变色染料直观地确定终点已达到。尽管使用数字pH计监测进度的情况越来越普遍，该方法依然被采用。

TOC——总有机碳（Total Organic Carbon）。

TTHM——总三氯甲烷（Total Trihalomethanes）

UASB——升流式厌氧污泥床（Upflow Anaerobic Sludge Blanket）。见第10章。

UV——紫外线（Ultraviolet Light）。

WBA——弱酸阳离子（Weak Acid Cation），即离子交换树脂型。见第8章。

WBA——弱碱阴离子（Weak Base Anion），即离子交换树脂型。见第8章。

Z碱度——Z代表德语单词“Ziel”，意为目标。在此标识下，碳酸盐的碱度是相对于目标糖化醪pH来计算，而不是总碱度测定的4.3或4.5标准滴定终点。Z碱度总是小于相同的水的总碱度。见第5章。

附录二

洗糟水和酿造用水的酸化

注：每当讨论酿造用水酸化问题时，最常出现的问题是：“钙会发生怎样的变化?”对此，A. J. 德朗格慷慨地分享了以下内容。

在第5章中，我们提出了一种估算糖化醪pH的模型，通过图表总结了每种麦芽和水对pH的影响，以至来确定糖化醪pH最适合的总和为零的条件，确定将最终pH调至目标值pH（Z）所需要的酸或碱的量。

本附录将侧重于水，并提出方法以确定采用强酸将醪液从常见的pH范围（5.2，5.5，5.75或6.0）调至特定pH时酸化对水的总碱度的影响。

在将糖化醪pH从初始值调至目标值Z时，酿酒师必须克服两个来源的缓冲体系：水中的碳酸氢盐和在麦芽中的酸/碱对。

在任何给定的麦芽中的酸/碱对的缓冲能力可被第5章中的滴定曲线完美地表示。

当我们在制糖化醪前酸化酿造或洗糟水时，我们只关心水的缓冲容量和来调节它的酸的量。如果我们要使水的pH酸化为4.3，那么水的缓冲能力将是水的总碱度（毫当量/升）除以pH的变化，即：

$$mEq/L酸=缓冲能力（pH_2 - pH_1）$$

因此，我们将水酸化到醪液pH（如5.5）所需酸的量小于总碱度——通常为10%~20%。这就是Z碱度这一概念的由来，我们在第5章已有介绍。从逻辑上讲，一旦我们把水调至醪液的pH后即再不需要对水进行额外的处理，而剩下的唯一问题是麦芽的缓冲能力（诚然，这需要更多的研究）。

这种方法表明，增量曲线为50，100，150和200mg/L的碳酸钙总碱度将在规划水处理的过程中非常有用。以下例子解释了如何采用最简单的方式来使用这些图表。

例1——确定降低碱度和pH所需酸的添加量

假定水的组成如下：

- 16mg/L Ca
- 50mg/L $CaCO_3$ 总碱度
- pH 7.5
- 少量的镁、钠、氯和硫

我们的目标是将水酸化至糖化醪的pH 5.5。我们需要用多少酸？我们需要中和多少碱度？

如附图2.1所示，50mg/L $CaCO_3$碱度条件下酸化后的剩余碱度和钙饱和度变化曲线。图注分为三种条件四个pH水平。四个pH水平分别为pH 6.0（圆形），pH 5.75（三角形），pH 5.5（正方形）和pH 5.2（倒三角形）。三种条件分别为：

（1）钙饱和度；H_3PO_4；pH（X）=不同pH（X）条件下钙的饱和度。采用磷酸酸化调节（点虚线）；

（2）剩余碱度；H_3PO_4；pH（X）=采用磷酸酸化至一定pH（X）后的剩余碱度（短虚线）；

（3）剩余碱度；H_2SO_4；pH（X）=采用硫酸酸化至一定pH（X）后的剩余碱度（实线）；

正方形标示符的线指示pH 5.5。正方形标示符的实线为第三个条件，即剩余碱度H_2SO_4；pH 5.5。该曲线显示使用硫酸酸化至pH 5.5的效果。事实上，该曲线适用于任何强酸如乳酸或盐酸均为同一曲线。由于磷酸是弱酸且不能完全被质子化，因此它有自己的曲线（第二个条件）。

怎样使用本图？我们可以查找该曲线（剩余碱度，H_2SO_4，实线正方形标示）与初始水的pH=7.5的交点，再阅读图左侧的剩余碱度（以mg/L $CaCO_3$表示）的纵坐标，该值约为6。请注意，纵坐标刻度为对数，其刻度值从2~50mg/L。因此，我们的第二个问题“需要中和多少的碱度?”的答案是：50−6=44mg/L碳酸钙。

这个答案也回答了我们的第一个问题：“我们需要用多少酸？将碱度的变化值除以其当量即可，44/50=0.88mEq/L。

因此，每升需要0.88mEq酸来中和碱度。假设我们已经配制了1Eq/L的硫酸溶液，则将需要0.88mL 1Eq/L的酸去将每升酸化至我们所需要的pH。附表2.1列出了制备1Eq/L酸所需要酸的浓度和量。

附表 2.1　　配制 1Eq/L 的酸溶液

酸	浓缩液质量分数	密度 /（kg/L）	摩尔浓度 /（mol/L）	配制 1L 1Eq/L 的溶液所需要的量 /mL
盐酸	10%	1.048	2.9	348
盐酸	37%	1.18	12.0	83.5
乳酸	88%	1.209	11.8	84.7
硫酸	10%	1.07	1.1	916.5
硫酸	96%	1.83	17.9	56
磷酸	10%	1.05	1.1	935*
磷酸	85%	1.69	14.7	68*

注：* 在糖化醪 pH 条件下，磷酸近似于一元酸。

我们之所以采用反溯的方法（即先找到剩余碱度，然后再确定我们需要多少酸）解决这个问题是因为化学是复杂的，它需要迭代计算来解决这个问题。但是，我们已经解决了特定条件的方程，生成了变化曲线。该曲线允许我们更换不同的条件并获得相应的结果。

例 2——确定降低碱度和 pH 所需磷酸的添加量

现在，让我们使用磷酸重复例1。磷酸是一种不完全质子化的弱酸。换句话说，氢离子的释放量（或每毫摩尔的电荷）随溶液的pH而变化，就像碳酸盐一样。质子化程度作为pH的函数已在附图2.5中表述。请注意，尽管磷酸（H_3PO_4）有3个氢原子值，可它是弱酸性的，其H^+浓度在1~1.35mol/L。

操作步骤与例1相同，只是我们采用了带有正方形符号的虚线（第二个条件）来描述。请注意，图中磷酸的曲线在强酸的曲线之上。这意味着在pH下降幅度相同时，磷酸对碱度的下降幅度比强酸少。这是因为磷酸的阴离子比盐酸、硫酸或乳酸的阴离子强。

在这个例子中，曲线相交处（剩余碱度; H_3PO_4，虚线正方形标示）所示的剩余碱度为9mg/L碳酸钙且水的初始pH为7.5。这次只降低了41mg/L的碱度。将碱度的变化除以其当量即得：41/50=0.82mEq/L。

因此，需要0.82mEq/L的酸来中和碱性。附图2.5显示了将pH调至特定的值时每毫摩尔磷酸所需贡献的质子数。在pH 5.5时是1.02。假设我们已经配制了1mmol/mL的磷酸溶液，则每升水需要0.82/1.02=80mmol来调节pH。

例 3——根据磷酸的添加量来判定钙的损失

向糖化醪用水中加入磷酸存在一个并发现象：钙和磷形成羟基磷灰石化合物，即$C_{10}(PO_4)_6(OH)_2$。该物质沉淀后会释放氢离子并降低糖化醪的pH。磷酸中的磷酸根离子也能与水中的钙发生反应，甚至在水进入醪液之前即可以产生沉淀。那么，当用磷酸酸化时从水中除去了多少钙?

由于磷灰石沉淀的机理很难模拟，所以我们无法预测磷灰石沉淀与磷酸间的函数关系。然而，我们可以计算由于pH的变化而发生沉淀前可以容忍的钙的饱和度水平。这一饱和度极限曲线在附图2.1至附图2.5中由点线表示“钙饱和度; H_3PO_4; pH（*X*）”。回到例2的条件，pH 5.5线（正方形，点线）与初始pH为7.5的交点处所对应的钙的浓度略大于400mg/L（图的右纵坐标）。低于这一水平，溶液中的钙不饱和，磷灰石不会发生沉淀。这意味着，当水中钙含量为16mg/L时其含量不受影响。当用磷酸酸化至pH为5.5时，钙不会损失。

这些图不仅告诉我们如何避免钙流失，而且揭示了两种你可能没有意识到的趋势：

（1）随着对水的逐渐酸化，其对钙的饱和极限逐渐增加。从钙盐更易溶于酸性溶液的观点来看，这是合乎逻辑的。然而，它可能违反了人们的直觉。在过去人们担心对洗糟水过度酸化，因而仅将其酸化至pH6来略微“抵消”碱度。然而，在pH6时，钙的饱和极限相当低，在我们讨论的条件下仅约为4mg/L。

（2）随着总碱度水平的增加钙的饱和极限降低。参考附图2.1和附图2.3，在碱度为50mg/L、终点pH5.75时的饱和极限值约为100mg/L，而在相同终点pH、碱度150mg/L条件下的极限值约40mg/L（假设初始水pH均为8）。

因此，当你使用磷酸酸化时务必综合考虑碱度、钙和终点pH等因素。在采用其他酸时此种情况不会发生。

例 4——酸化水中钙的添加

现在让我们假设我们要获得与酿造淡色爱尔啤酒相匹配的水。在第7章所建议的水的成分表明，水中的钙含量应为50~150mg/L。这使其剩余碱度更好地与淡色爱尔的风格相匹配，且会使醪液pH达到正确的范围内。因此，我们计划向热水罐中添加足够的硫酸钙将钙水平调为100mg/L。这当然很好，因为在pH5.5时水的钙饱和极限值约为400mg/L。然而，我们需要意识到向已酸化的水中添加钙可能会进一步在较小、但却难以预测的程度上将水的pH降低。

因此，最好是在用磷酸将水酸化至pH 5.5之前就向水中加硫酸钙。采用这种方式，我们不仅知道了酸化水的pH，也知道溶液中存在100mg/L的钙是稳定的。当然，如果你有一个pH计，并随时用它来测量你的结果，那么不管采用什么顺序你也能对水的pH了然于心。

使用说明:

在50mg/L，100mg/L，150mg/L和200mg/L $CaCO_3$不同碱度下酸化水的图表已收录在本附录中。但是，假设你的水的总碱度为75mg/L的碳酸钙，你仍然能够使用这些图表吗？答案是肯定的。这一碱度以及其他碱度条件下的结果可以通过插补值来获得。先比较在50mg/L和100mg/L碱度下pH5.75的酸化线。以水的初始pH7.5为比较基础，采用强酸酸化至pH5.75，曲线显示在50mg/L（如附图2.1）中剩余碱度为9.5mg/L，100mg/L的（如附图2.2）中剩余碱度约20mg/L。由于75是50至100的中值，因此将75mg/L碱度的水降低到剩余碱度在9.5~20的中间或大约15mg/L是合理的。

这种插补值的方式也适于计算饱和钙水平。但由于图中以对数标度以及化学反应过程更多是推断性等原因，结果通常是一个粗略的估计值。请注意，对数刻度上的3的值对应的水平介于1和10之间的一半。同理，30对应的实际水平是介于10和100之间的一半。这是由于对数刻度lg3=0.477，lg5=0.699等。因此，当目测值在标尺中的两个标记之间时，即看起来像是两个半时其实际值约为2.3，看起来像$2\frac{3}{4}$时其实际约为2.56。

当碱度为50mg/L、终点pH为5.5时，初始pH7.5的水的钙饱和浓度约为430mg/L，而当碱度为100mg/L且其他条件相同时的钙饱和浓度约为170mg/L。两者间的简单平均值为300mg/L。因此，当碱度为75mg/L的水的钙饱和水平应接近该值。事实上，实测值为257mg/L。因此通过饱和曲线的插补值法推算未知碱度水的值是一种粗略的估算。这些图表也是为粗略估算而设计，我们将在下面讨论这些原因。

强酸曲线是相当稳定的，它们可以给你合理的估计值。但一旦涉及磷灰石的沉淀时，则必须进行更多的普遍化处理，此时的数值则不再特别精确。由于对细节和机理缺乏了解，沉淀发生的概率归结于许多因素，最重要的因素是固体形成的溶度积。我们对羟磷灰石pK_s的取值为pK_s=117（从施图姆和维尔纳处获得）。精确测量溶度积是非常困难的，如果不是不可能的话，所以在所有饱和值中有不确定性。另外，如果溶液不是“理想的”溶液（事实上不是），我们必须考虑其他带电离子的存在。它们可以彼此电屏蔽钙和磷酸盐，并减少相互吸附和沉淀的可能性。我们采用改良德拜-休克尔理论来制作这些图，但这一理论有其自身的局限性。第三，我们没有考虑其他盐类的溶解度限制，如钙的一级和二级磷酸盐。

所以，为了绘制出饱和曲线我们建立了一个给定碱度和pH条件下的假定溶液的计算机模型，然后逐步将钙离子加入溶液中，检查离子的溶积度看其是否低于饱和值，然后再重复这些步骤，直到达到离子的饱和容积。

但是你不能只添加钙离子，你还必须加入一个阴离子来保持电中性。我们使用硫酸盐，因为高的永久硬度通常更易与硫酸盐相关而不是氯化物。硫酸盐对离子强度的影响比氯化物强，因此如果我们使用氯化物，钙的饱和度就会降低。然而，这个假设的推论是：如果你是需要获得一种硫/氯比低于1的水，例如硫/氯＝1：2或根本没有硫酸盐，例如为比尔森拉格啤酒用水，那么为安全起见我们建议将钙饱和值降低一半。

总结

当采用磷酸或其他强酸酸化水时这些曲线可以帮助你确定你期望达到的目标。采用强酸酸化后的估计值比磷酸的估计值有更好的置信度。当采用磷酸酸化时，如果可能有钙沉淀发生的问题，由曲线推算出的估计值应该通过测量钙的溶解水平来证实。

如果有钙沉淀的可能，酸化到较低的pH可能会降低这种可能。然而，请注意，这样做你可能会把你的糖化醪的pH降到5以下。这样会抑制糖分的转化并降低产量。

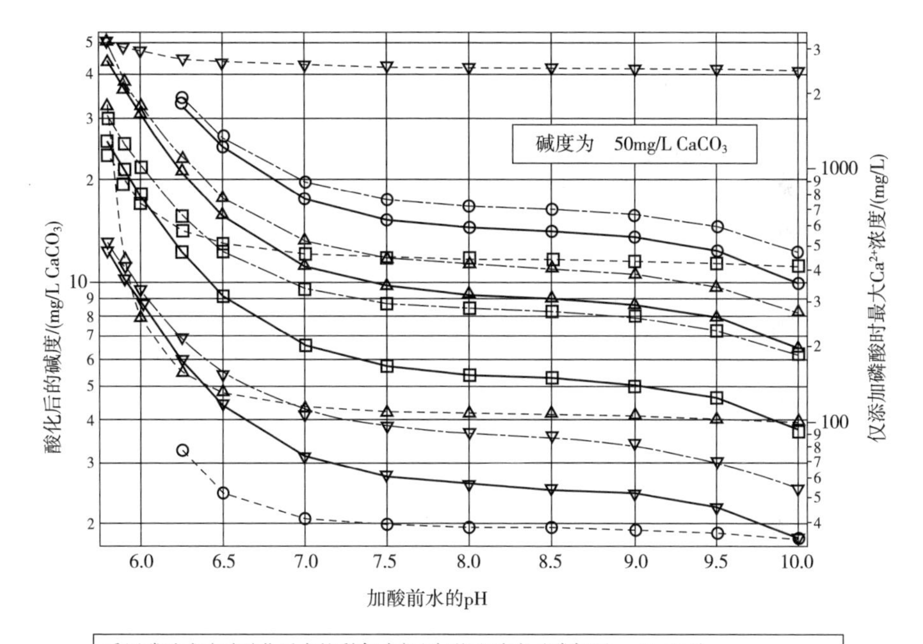

采用磷酸或硫酸酸化后水的剩余碱度和钙饱和浓度（磷灰石，pK_s=114）

-⊖- 钙饱和度;H_3PO_4;pH 6.00　—⊖— 剩余碱度;H_3PO_4;pH 6.00　—⊖— 剩余碱度;H_2SO_4;pH 6.00

-△- 钙饱和度;H_3PO_4;pH 5.75　—△— 剩余碱度;H_3PO_4;pH 5.75　—▲— 剩余碱度;H_2SO_4;pH 5.75

-⊟- 钙饱和度;H_3PO_4;pH 5.50　—⊟— 剩余碱度;H_3PO_4;pH 5.50　—⊟— 剩余碱度;H_2SO_4;pH 5.50

-▽- 钙饱和度;H_3PO_4;pH 5.20　—▽— 剩余碱度;H_3PO_4;pH 5.20　—▽— 剩余碱度;H_2SO_4;pH 5.20

附图2.1　总碱度为50mg/L $CaCO_3$时酸化后剩余碱度和钙饱和度

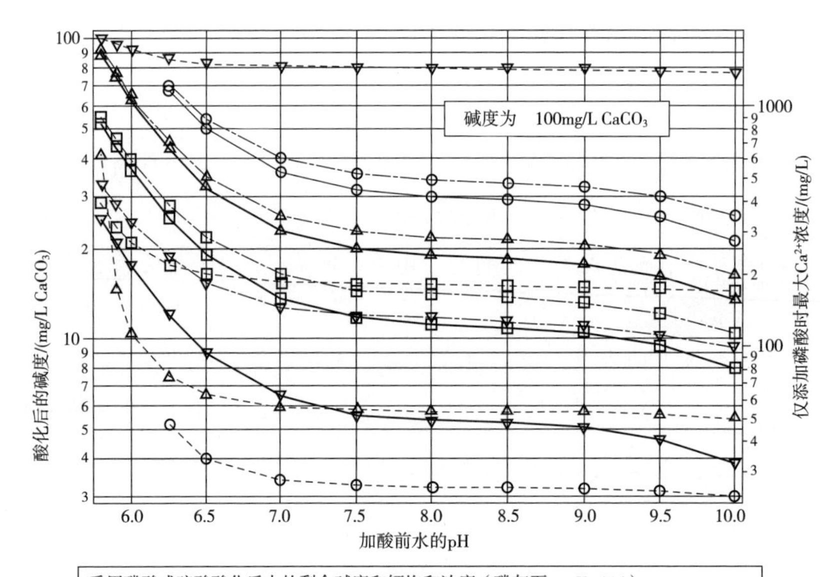

采用磷酸或硫酸酸化后水的剩余碱度和钙饱和浓度（磷灰石，pK_s=114）

-⊖- 钙饱和度;H_3PO_4;pH 6.00 —⊖- 剩余碱度;H_3PO_4;pH 6.00 —⊖— 剩余碱度;H_2SO_4;pH 6.00
-△- 钙饱和度;H_3PO_4;pH 5.75 —△- 剩余碱度;H_3PO_4;pH 5.75 —▲— 剩余碱度;H_2SO_4;pH 5.75
-⊟- 钙饱和度;H_3PO_4;pH 5.50 —⊟- 剩余碱度;H_3PO_4;pH 5.50 —⊟— 剩余碱度;H_2SO_4;pH 5.50
-▽- 钙饱和度;H_3PO_4;pH 5.20 —▽- 剩余碱度;H_3PO_4;pH 5.20 —▼— 剩余碱度;H_2SO_4;pH 5.20

附图2.2　总碱度为100mg/L $CaCO_3$时酸化后剩余碱度和钙饱和度

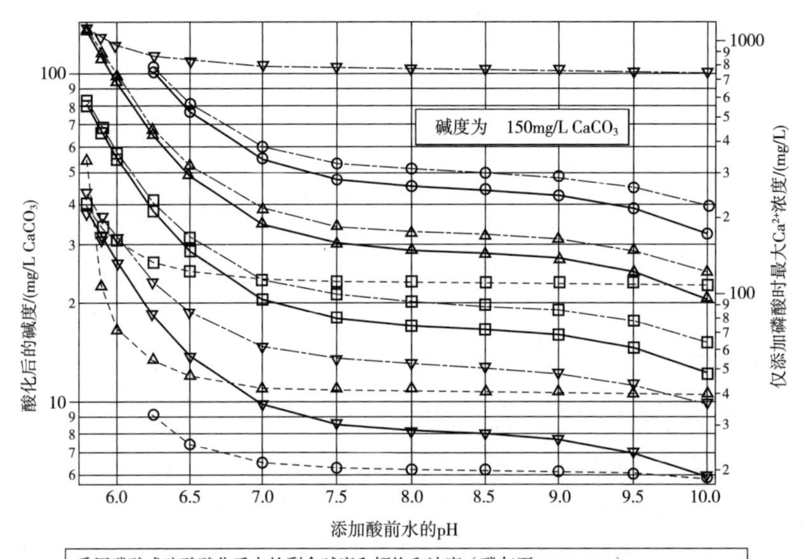

采用磷酸或硫酸酸化后水的剩余碱度和钙饱和浓度（磷灰石，pK_s=114）

-⊖- 钙饱和度;H_3PO_4;pH 6.00 —⊖- 剩余碱度;H_3PO_4;pH 6.00 —⊖— 剩余碱度;H_2SO_4;pH 6.00
-△- 钙饱和度;H_3PO_4;pH 5.75 —△- 剩余碱度;H_3PO_4;pH 5.75 —▲— 剩余碱度;H_2SO_4;pH 5.75
-⊟- 钙饱和度;H_3PO_4;pH 5.50 —⊟- 剩余碱度;H_3PO_4;pH 5.50 —⊟— 剩余碱度;H_2SO_4;pH 5.50
-▽- 钙饱和度;H_3PO_4;pH 5.20 —▽- 剩余碱度;H_3PO_4;pH 5.20 —▼— 剩余碱度;H_2SO_4;pH 5.20

附图2.3　总碱度为150mg/L $CaCO_3$时酸化后剩余碱度和钙饱和度

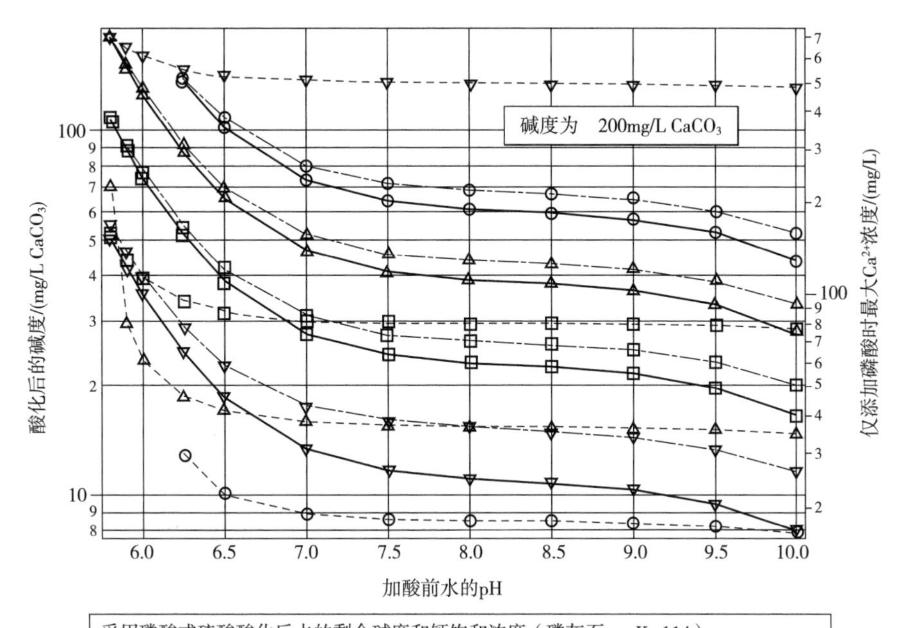

附图2.4　总碱度为200mg/L $CaCO_3$时酸化后剩余碱度和钙饱和度

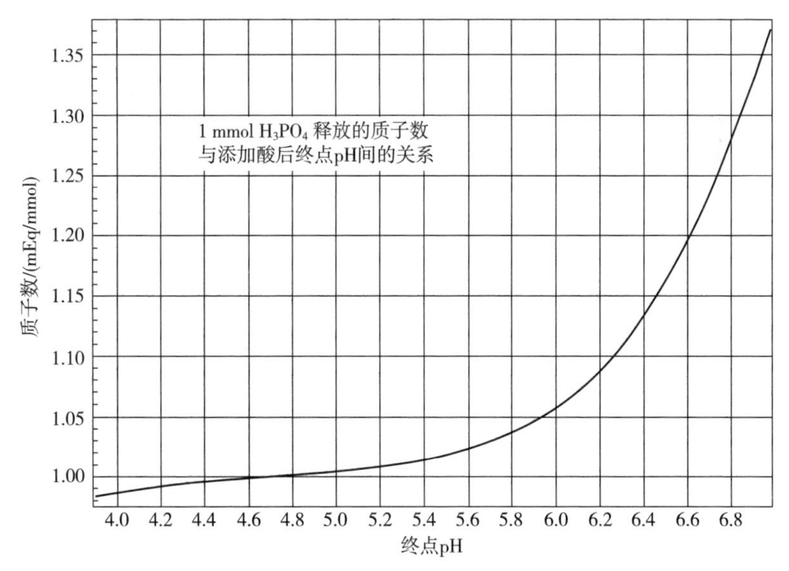

附图2.5　每毫摩尔磷酸释放的质子数与酸化终点间的函数关系

附录三

与离子、盐和酸有关的计算

1. 盐浓度

如何计算将特定质量的盐添加到水中后所产生离子的量。我们将这一问题分解成几步来降低计算难度。首先是将所加盐的质量（如1g）除以其摩尔质量，以计算加入到水中的盐的摩尔数（盐的摩尔质量应包括盐所水合的水分子，例如，氯化钙通常具有两个水合的水分子）。然后分别计算盐的阳离子和阴离子的摩尔分数，并将摩尔分数分别乘以所添加盐的摩尔数。通过举例可能使这个问题更容易理解。

1.1 问题

如果将1g氯化钙加入1L水中，会产生多少钙离子（Ca^{2+}）和氯离子（Cl^-）?

1.2 计算过程

首先计算所添加氯化钙的摩尔数。装氯化钙的试剂瓶外应该有它的分子式，$CaCl_2 \cdot 2H_2O$。该分子式表明，每个氯化钙分子含有两个水合水分子。计算分子量时，应将这两个水分子包含在内。我们从元素周期表中查找到所有元素的原子量如下：

Ca=40.078

Cl=35.453

H=1.00794

O=15.9994

计算过程没必要使用如此高的精度，因此可将上述元素的分子量取值如下：

Ca=40

Cl=35.5

H=1

O=16

由此可得，$CaCl_2 \cdot 2H_2O$的分子质量为：

40+（2×35.5）+2×[（2×1）+16]=147（g/mol）

下一步是计算钙和氯的摩尔分数。

$CaCl_2 \cdot 2H_2O$中钙的摩尔分数为：

40/147=0.272

氯的摩尔分数为：

（2×35.5）/147=0.483

剩下的是水的摩尔分数。

一旦得到摩尔分数后，我们就可以计算水中所含有的离子的量。如果将1g氯化钙溶解在1L的水中，我们可以说水中钙离子的质量为1g×0.272=0.272g或272mg。

同理可得，水中氯离子的质量为1g×0.483=483mg。

但又如何从质量换算成浓度呢？

度量衡让换算变得更容易：根据1799年制定的千克的定义，1L水的重量就是1kg（4℃条件下）。虽然现在1kg的官方定义与过去有所差别，但对我们计算结果的影响是微不足道的。

因此，将1g氯化钙溶解于1L水中等同于将1g氯化钙溶解于1000g水中。刚才我们说到1g氯化钙含有272mg的钙离子，将其溶解于1L水中以后，钙离子的浓度为272mg/L。

因此，将1 g氯化钙溶于1L水中产生：

272mg/L的Ca^{2+}和483mg/L的Cl^-。

回到我们最初的问题，将1g氯化钙溶于1L水中。现在这一问题只需将该浓度除以体积即可得到解答。

水中的钙离子浓度为272/1=272mg/ L，

而氯离子的浓度为483/1 = 483 mg/ L。

以上就是盐浓度计算的全部过程。

2. 如果不使用氯化钙而是使用石膏

2.1 问题

假设你使用蒸馏水配制了一个配方如下：1135.5L（300美式加仑）水中溶解有200g石膏和100g氯化钙；此时，水中离子浓度如下：

Ca^{2+} 65mg/L

SO_4^{2-} 98mg/L

Cl^- 42mg/L

硫酸根对氯离子的比例=2.3：1。

不使用电子表格软件，在不改变水中总钙的前提下，如何将上述比例调整至1：1?

2.2 计算过程

首先，查询第7章的表7.3，得到添加硫酸钙和氯化钙对水中离子的贡献。

当添加量为1g/L时，硫酸钙会产生232.8mg/L的Ca^{2+}和557.7mg/L的SO_4^{2-}，而氯化钙则产生272.6mg/L的Ca^{2+}和482.3mg/L的Cl^-。

这个问题包含两个方程和两个未知数。两个未知数分别是硫酸钙（X）和氯化钙（Y）的添加量。为了使：

（1）两种盐的阴离子浓度一致；

（2）两种盐添加后Ca^{2+}的总浓度为65mg/L。

第一个方程，硫酸钙添加量（X）乘以其阴离子贡献值等于氯化钙添加量（Y）乘以阴离子贡献值，即硫酸根离子和氯离子浓度一致，即：

$$557.7X=482.3Y$$

可以将方程简化为：

$$Y=557.7X/482.3=1.16X$$

第二个方程，两种盐添加后Ca^{2+}浓度应为65mg/L。已知每克硫酸钙对钙离子的贡献值为232.8mg/L，氯化钙对钙离子的贡献值为272.6mg/L，因此：

$$232.8X+272.6Y=65$$

将第二个方程的Y替换为$1.16X$，即$232.8X+272.6\times(1.16X)=65$

$232.8X+316.2X=145X=65$

硫酸钙的添加量为$X=0.118$（g/L）。

将所得X值代入$Y=1.16X$。

氯化钙的添加量为$Y=0.137$（g/L）。

将上述添加量乘以1135.5后，加入1135.5L水中，得到最终的离子浓度如下：

Ca^{2+}	65mg/L
SO_4^{2-}	66mg/L
Cl^-	66mg/L

3. 强酸的稀释

3.1　问题

如何将强酸稀释成X份1mEq/L的酸？

3.2　计算过程

这个问题实际包含了两个小问题：（1）如何将强酸稀释成X份1mEq/L的酸？（2）如何对强酸进行稀释以便于测量和使用？

第一个问题的答案是配制1Eq/L的酸液。1Eq/L的酸即1L水中含有1Eq/L H^+，每毫升则含有1mEq。例如，向1135.5 L水中，每升添加1.8mEq的酸，则需要1Eq/L的酸共计$1.8\times1135.5=2044$mL。

那么，如何将高浓度的商业化酸液配制成1Eq/L的酸液呢？

配制 1　当量浓度的盐酸

让我们从盐酸开始。盐酸的常见浓度是37%。但37%是质量分数，不是体积分数。市场上的酸液通常以质量分数来表示。

解决如何配制1Eq/L酸液的问题，必须首先了解酸的分子量，酸液的密度和质量分数。这些参数参见附表3.1。

附表 3.1 与酸有关的参数

酸的种类	摩尔质量 /（g/mol）	密度 /（g/mL）	质量分数	摩尔当量系数
盐酸	36.45	1.18	37%	1
硫酸	98.08	1.83	96%	2
乳酸	90.08	1.209	88%	1
磷酸	98	1.69	85%	~1*

注：* 磷酸的摩尔当量系数是可以发生变化的，详见附录二的附图 4.5。

第一步是计算这些酸标准液的物质的量浓度，然后乘以摩尔当量系数换算为当量浓度。

将密度乘以1000得到1L酸液的质量。

使用溶液质量乘以酸液的浓度，得到每升溶液中酸的质量。使用酸液质量除以酸的摩尔质量得到酸的物质的量浓度（mol/L），即：

密度×1000×质量分数/摩尔质量=物质的量浓度

37%盐酸的物质的量浓度即为：

1.18×1000×0.37/36.45=11.978，约为12mol/L

由附表3.1，12mol/L的盐酸即等同于12Eq/L。硫酸的当量系数是2，所以相同浓度的硫酸则为24Eq/L。将12Eq/L盐酸稀释为1Eq/L酸所需的浓盐酸体积为1L（1000mL）除以12，即

需要1000mL/12=83.3mL 37%的浓盐酸。

假设你所购买的盐酸浓度为10%，而不是37%呢？计算过程是相同的。首先需要了解10%盐酸的密度。即使标签上没有，也可以通过比例来估算。但就像使用相对密度时一样，要从密度中减去1。

举例如下：10%/37%=X/0.18

计算可知X = 0.0486。因此，10%盐酸的密度估算为1.0486g/mL。通过查询我们得到10%盐酸的实际密度为1.0474g/mL，二者是非常接近的。

对于可以完全质子化的强酸，均可以使用上述的计算方法。对于弱酸，如磷酸，则需要用pH来计算其当量系数，这个时候就会用到附录二中附图2.5的数据。

注意！

稀释时必须是将酸加入水中。

一定不要将水加入强酸中，这样操作会发生剧烈的反应并导致酸液飞溅。强酸的稀释应由受过训练的人仔细缓慢地操作。酸的稀释是放热反应，将酸液倒入水中会使溶液升温变热。最好是将浓酸缓慢倒入盛满水的冰浴烧杯中。

4. 使用强酸中和碱度

4.1 问题

发酵用水中含有150mg/L的碳酸钙（$CaCO_3$），需要加入多少酸才能使碳酸钙的浓度降低至50mg/L。

4.2 计算过程

首先将碱度除以碳酸钙的当量分子量（50）换算成毫当量浓度，即150mg/L $CaCO_3$碱度=3mEq/L碱度。现在问题就转变为需要加入多少酸将3mEq/L的碱度降低至1mEq/L。答案很简单，即加入3−1=2mEq/L的酸。在前面的例子中我们已经准备好了1Eq/L的酸液，每升水中需要1Eq/L酸液的体积为2mL。

注意：这和附录二中所讲的酸化的案例是截然不同的。附录二案例所讲的是将水的pH降低特定程度后，水中还剩余多少碱度。在这个案例中，水的起始和最终pH都是未知的；而且我们还假设水中没有其他与酸反应的物质，所有的酸都与碱度反应。这些都与附录二的案例不同。

4.3 问题

假设碳酸氢钙与盐酸的化学反应式为：$Ca(HCO_3)_2+2HCl \rightarrow Ca^{2+}+2Cl^-+2CO_2+2H_2O$，水中初始$HCO_3^-$浓度为100mg/L，需要添加多少酸使碱度下降为原来的50%。

4.4 计算过程

化学反应：

$$Ca(HCO_3)_2+2HCl \rightarrow Ca^{2+}+2Cl^-+2CO_2+2H_2O$$

达到平衡则意味着反应式两侧元素数量相等。

该反应也可书写为：

$$Ca^{2+}+2HCO_3^-+2HCl \rightarrow Ca^{2+}+2Cl^-+2CO_2+2H_2O$$

这可以让我们更好地了解此反应非常重要的一点：并不是2mol的盐酸可以减少1mol的碳酸氢根，而是2mol盐酸可以减少2mol碳酸氢根，也就是每加入1mol盐酸即可减少1mol的碳酸氢根。

注意：2mol盐酸可以反应减少1mol碳酸氢钙在理论上是正确的。但是当碳酸氢钙溶于水形成暂时硬度以后，钙离子与碳酸氢根离子分离，发生反应的仅为碳酸氢根离子。

要将水中的碳酸氢根离子浓度降低50mg/L，换算为毫当量浓度则需要除以61，即50/61=0.82mEq/L。

因此，每升水中需要添加0.82mEq/L的酸，所需酸的体积可以根据上面的案例计算得出。

附录四

水的电荷平衡以及碳酸盐种类的分布

不同水质报告的差异可能让我们很难理解到底哪个水质报告更具代表性，更为可靠。在某种程度上，选择什么样的水质报告取决于你的目的：是想要查看某地不同地区水中化学物质的平均浓度？还是需要了解一年内不同时间段的平均浓度？又或者是想知道特定时间和来源的水中化学物质的浓度？如果你想根据平均值作出决定，则阳离子与阴离子之间相差3个毫当量可能问题不大。如果你要为酿制特定啤酒而复制某一水的配方，水的离子平衡是一个很好的检测水质报告可靠性的指标。

这里我们所说的平衡指的是水中离子的电荷平衡。水是电中性的。水中阴离子的负电荷之和等于阳离子的正电荷之和。但是一些离子具有不同的电荷值，例如，钙离子（Ca^{2+}）带有两个正电荷，钠离子（Na^{+}）带有一个正电荷，磷酸根离子（PO_4^{3-}）带有三个负电荷。将每种化合物的分子量除以电荷数可以得到当量分子量，借助当量分子量可以发现各离子之间的电荷浓度差异。将特定离子的浓度（mg/L）除以当量分子量，就可以得到该离子的毫当量浓度（mEq/L）。分别将阳离子和阴离子的毫当量浓度相加，就可以计算出水中电荷是否是平衡的。

我们回顾一下第7章的案例。该案例对表7–1所列水中阴离子和阳离子的毫当量浓度相加，检测了水中的电荷平衡情况。

将所有阳离子毫当量浓度相加11.25+3.3+2.6=17.2；

将所有阴离子毫当量浓度相加2.95+1.7+2.5=7.1。

可见水中的电荷明显是不平衡的。尽管可能很接近，但给定的离子浓度并不代表水的真实情况。表7.2所展示的水中离子组成与表7.1相似，但电荷平衡差别巨大。两种水的差别主要在于阴离子。将第7章表7.1所展示的来源于多特蒙德的水中离子浓度转变成毫当量浓度，为：

多特蒙德水样中离子组成（摘自表 7.1）

	Ca^{2+}	Mg^{2+}	HCO_3^-	Na^+	Cl^-	SO_4^{2-}	总计（+）	总计（-）
浓度/（mg/L）	225	40	180	60	60	120		
毫当量浓度（mEq/L）	11.25	3.3	2.95	2.6	1.7	2.5	17.2	7.1

第7章中表7.2展示了来自于多特蒙德另一水样的离子组成。

多特蒙德另一水样中离子组成（摘自表 7.2）

	Ca^{2+*}	Mg^{2+*}	HCO_3^-	Na^+	Cl^-	SO_4^{2-}	总计（+）	总量（-）
浓度/（mg/L）	230	15	235	40	130	330		
毫当量浓度/（mEq/L）	11.5	1.2	3.8	1.7	3.7	6.9	14.5	14.4

我们假设表7.1中水样的pH为7。根据附表4.1中的信息，当pH = 7时，80%的碳酸盐类以碳酸氢盐的形式存在，剩余的20%以碳酸盐的形式存在。考虑到碳酸盐离子不同的存在形式，180mg/L（2.95mEq/L）的碳酸氢盐换算为实际总碱度为2.95/80%=3.69mEq/L。当然，在这种情况下3.69mEq/L的碱度并没有使离子不平衡程度减小。但值得我们注意的是，如果只得到水中碳酸氢根的浓度而不是碱度，水的pH对碳酸盐种类分布的影响可能导致阴离子的总当量被低估。

表7.1水样电荷不平衡的另一个可能原因是将钙和镁的硬度均以$CaCO_3$来表示。也就是将以$CaCO_3$来表示的硬度不经换算直接简单地录入为钙、镁离子的浓度。如果是这种情况，将表7.1中钙和镁的浓度除以碳酸钙的当量分子量，而不是钙、镁离子当量分子量，则分别得到钙和镁的当量浓度为4.5和0.8mEq/L（以$CaCO_3$计）。此时，阴离子和阳离子的总当量浓度为7.1和7.9mEq/L，这样

水中电荷就比较平衡了。

多特蒙德水样中离子组成（摘自表 7.1）

	Ca^{2+*}	Mg^{2+*}	HCO_3^-	Na^+	Cl^-	SO_4^{2-}	总计（+）	总计（－）
浓度 /（mg/L）	225	40	180	60	60	120		
毫当量浓度 /（mEg/L）	4.5	0.8	2.95	2.6	1.7	2.5	7.9	7.1

注：*用 $CaCO_3$ 来表示的硬度。

假设测试水样的pH为7.4，根据附表4.1中的数据计算可得，水的实际总碱度应为3.24mEq/L。此时水中阴离子的总当量浓度为7.4mEq/L，这样水中的电荷分布就更加平衡了。这一部分计算练习仅仅是假设，但它也给我们揭示了水质报告中可能出现错误的原因。

多特蒙德水样中离子组成（摘自表 7.1）

	Ca^{2+*}	Mg^{2+*}	HCO_3^-	Na^+	Cl^-	SO_4^{2-}	总计 (+)	总计 (−)	总计 (−)
浓度 /（mg/L）	225	40	180	60	60	120	7.4		
毫当量浓度 /（mEq/L）	4.5	0.8	2.95	2.6	1.7	2.5		7.9	7.4

注：* 用 $CaCO_3$ 来表示的硬度

水中的电荷不平衡可能是由于实验室测试或报告过程中的错误造成的。然而，水中电荷不平衡现象不一定意味着所报告的离子量总是不正确的。出现错误的另一个原因可能是水中含有未测试或未报告的其他离子。如果测试方案中没有包括铁离子、钾离子、硝酸根、亚硝酸根或硅酸根等常见微量离子，那么所报告的水中电荷分布就很容易失衡。如果报告中包含这些微量离子，水中电荷分布就更加均衡。阳离子和阴离子的当量浓度差别在1mEq/L以内的水质报告是可以接受的，而差别在0.1mEq/L以内的报告则是非常棒的。不同离子的浓度不用发生很大变化就会引起0.5mEq/L的电荷差异，它们间仅有5~10mg/L浓度差就足够了。

附表 4.1　受 pH 影响水中碳酸盐种类的分布（来自图 4.3）

pH	碳酸盐 /%	碳酸氢盐 /%	碳酸 /%
4	0	0.42	99.58
4.2	0	0.66	99.34
4.4	0	1.04	98.96
4.6	0	1.63	98.37
4.8	0	2.56	97.44
5	0	4	96
5.2	0	6.2	93.8
5.4	0	9.48	90.52
5.6	0	14.23	85.77
5.8	0	20.83	79.17
6	0	29.42	70.58
6.2	0	39.78	60.21
6.4	0	51.15	48.85
6.6	0	62.39	37.6
6.8	0	72.44	27.54
7	0	80.63	19.34
7.2	0	86.8	13.14
7.4	0.1	91.2	8.71
7.6	0.16	94.17	5.67
7.8	0.25	96.09	3.65
8	0.41	97.26	2.33
8.2	0.65	97.87	1.48
8.4	1.03	98.04	0.94
8.6	1.62	97.79	0.59
8.8	2.55	97.08	0.37
9	3.99	95.78	0.23